CONTENTS 目录

CHAPTER ① 让做饭变成一件简单的事儿

- 002　NO.01 快速做好早餐的小心机
- 005　NO.02 午餐便当制作原则
- 008　NO.03 省时省力做晚餐：食材冷冻法

CHAPTER ② 早起十分钟快速做早餐

- 016　生煎白菜饺
- 018　芝麻煎饼
- 019　葱香包菜烘蛋
- 020　胡萝卜豆角炒饭
- 021　彩虹炒饭
- 022　三色饭团
- 024　南瓜粥
- 025　青豆面包粥
- 026　鸡肉枸杞粥
- 027　胡萝卜鸡肉粥
- 028　南瓜麦片粥
- 029　瘦肉浓粥
- 030　鸡蛋吐司

032	吐司比萨
033	芝士吐司脆
034	金枪鱼烤吐司
035	土豆泥培根吐司
036	牛油果元气三明治
038	虾仁牛油果三明治 ▶
039	夏威夷吐司
040	蛋沙拉三明治
041	奶油芝士小黄瓜三明治
042	咖喱圆白菜三明治 ▶
043	芒果鲜虾三明治 ▶
044	热力三明治 ▶
046	南瓜爆浆三明治
047	金枪鱼沙拉三明治
048	红豆芒果三明治
050	蔬菜三明治
052	吐司蜜桃派
053	番茄厚蛋烧
054	西班牙烘蛋派
056	豆角焖面
057	龙须拉面

058	芦笋蛋奶面
059	清汤蝴蝶面
060	意式鸡油菌炒面
061	樱桃番茄酱意大利面
062	酱炒黄面
064	通心粉沙拉
065	泰式青柠炒粉

CHAPTER 3 营养又美味轻松做上班族快手便当

068	虾仁青豆便当
071	饭团便当
074	刺猬卷鸡排便当
077	小猪玫瑰花包饭便当
080	星耀动物便当
083	幸福小狮子便当
086	炫彩肉球豆腐酿便当
089	花样杂粮田园便当
092	泰式沙拉三明治便当
095	小熊咖喱便当
098	鱼翔田园便当
101	低热量瘦身便当
104	荷兰豆牛肉卷便当
107	三杯鸡便当

110	小黄鱼子鸡便当
113	鸡蛋卷咖喱便当
116	缤纷时蔬便当
119	牛排鸡肉卷便当
122	酱鸡翅菠菜便当
125	章鱼先生便当
128	秋枫鸡肉便当
131	雪人排骨便当

CHAPTER 4 天天不重样儿安心省时的便捷晚餐

136	蔬果面包沙拉
137	樱桃番茄洋葱沙拉
138	果味冬瓜 ▶
140	香辣莴笋丝 ▶
142	胡萝卜炒菠菜 ▶
143	青椒海带丝 ▶
144	马蹄炒荷兰豆 ▶
146	蒜香四季豆
147	清炒时蔬

148	冰糖百合蒸南瓜 ▶		168	白灼鲜虾 ▶
150	白菜木耳炒肉丝		169	茶香香酥虾
152	秘制叉烧肉		170	蒜香虾
153	秋葵炒肉片		171	葱香蛤蜊 ▶
154	肉酱焖土豆		172	鱿鱼须炒四季豆 ▶
155	彩椒牛肉丝		174	白菜冬瓜汤 ▶
156	小米椒炒牛肉		176	家常牛肉汤
157	南瓜咖喱牛肉碎		177	大枣鱼头汤
158	番茄炖牛腩		178	咖喱鸡肉炒饭
159	辣椒鸡丁		179	青椒炒卤肉盖饭
160	泰式炒鸡柳		180	胡萝卜鸡肉饭
161	鸡块炖香菇		182	南瓜拌藜麦
162	鸡蛋炒百合 ▶		183	蔬菜薏米饭
164	莴笋玉米鸭丁		184	薏米牛肉饭
165	芙蓉黑鱼片			
166	豉汁蒸鱼块			
167	青椒兜鱼柳			

CHAPTER 1

让做饭变成一件简单的事儿

星期一到星期五很多上班族都处于忙碌状态，
被工作琐事烦扰的你，也许烦闷，也许忧心，
但是都不能忘记重要的一日三餐。
只要有心，只要有准备，
天天在家吃饭不再是梦想，
你也可以做一个幸福的省时烹饪家。

NO. 01

快速做好早餐的小心机

如何减少早餐的准备时间？如何缩短早上烹饪的时间？这可能是很多人的困惑，其实你只需要在前一晚做好准备工作，就能事半功倍。例如，早上会使用到的锅具、碗盘、食材等尽可能放在显眼好拿的地方，事先做好手工拉面，事先将食材都切好，事先将意大利面煮熟……

·小心机❶事先煮熟意大利面、做好手工拉面

意 大 利 面 的 煮 法

材料：

意大利面 300 克，盐少许，食用油适量，保鲜膜适量，带封口的冷冻保存袋 1 个

做法：

❶ 意大利面一般煮 15 分钟，在煮制的过程中加入少许盐。
❷ 将煮好的意大利面迅速放入冷水中。
❸ 待 2 分钟后，倒掉凉水，沥干。
❹ 在意大利面中加入食用油拌匀，防止面条黏在一起。
❺ 按食用量，用保鲜膜分别包好。
❻ 再将包好的意大利面放入冷冻保存袋中，放入冰箱即可。

拉面的做法

材料：

高筋面粉 300 克，碱面、盐各少许

做法：

❶ 备好一碗清水，加入碱面、盐，搅拌均匀，制成碱水。

❷ 将高筋面粉倒在案板上，用手将面粉开窝。

❸ 往面粉窝中倒入拌匀的碱水。

❹ 将面粉揉搓成光滑的面团，盖上湿布饧半小时。

❺ 将面团搓成长条，双手各押面的一端，旋成麻花条形，反复多次，手提两端，离案甩成长条。

❻ 将面条拉九扣，掐掉面头，制成拉面。

▪ 小心机❷ 前一晚将食材切好

蒜苗 & 洋葱

可以切碎、切丁，然后放进冰箱保存。特别是晚餐剩下来的食材，第二天早上正好可以利用。

牛肉 & 鸡肉

切片或切条，加入少许盐、胡椒粉、姜末、蒜末、料酒，拌匀，用保鲜膜包起来放入冰箱，可保存一个星期。

叶菜类	冷冻肉类 & 鱼类

洗净，切成长段，如果是要做炒饭可以切碎，放在保鲜盒里保存。	冷冻的肉或鱼类，解冻会费时间，可于前一晚放进冷藏室，第二天早上就不需要解冻了。

▪ 小心机❸把晚餐变早餐一样吃

蔬菜汤、肉汤变身粥

若是当天晚上还剩下一些蔬菜汤、肉汤，可以冷藏保存，第二天只要把米饭加进去，就能煮出好吃的粥。

零碎食材变身欧姆蛋

把没煮完的蔬菜、火腿、肉全放入保鲜盒内，隔天可以拿出来切碎，加入鸡蛋液打蓬松，放入加了食用油的不粘锅中，撒上零碎食材，煎熟即可。

炒菜变身米饭煎饼

剩下来的炒菜也可以好好利用起来，例如将小菜切碎后做成炒饭或拌饭，或者加一个鸡蛋跟米饭一起做成米饭煎饼。

午餐便当制作原则

外卖的千篇一律,食堂的单调无味,在外吃饭总找不到在家时的乐趣。然而,自带便当就可以完美解决这个问题。

Top1 营养搭配合理

自带的便当要保证菜品的搭配和营养,可以根据自身情况控制热量的摄入,把握油、盐、糖等调味品的添加。午餐最好做到有荤有素、粗细搭配,要包含主食和肉类、豆类、蔬菜和水果等,才能及时、全方位地补充身体所需的营养物质。

基本组合如下:

主食

主食包括米饭或者粗粮。大米等谷物中富含糖,是身体和大脑的能量源泉,且微波炉加热后米饭基本上能保持原来的状态,而馒头、饼干等则容易变干。

主菜 肉、蛋、鱼类可以补充身体所需的蛋白质。蛋白质是有机化合物，是人体所需营养成分的关键部分，它们对维持身体细胞正常运行很重要。

蔬菜、菌菇、豆类，富含人体所需的维生素和矿物质。其中，蔬菜以根茎、茄果类为主，不宜带绿叶蔬菜。因为绿叶蔬菜含有一定量的硝酸盐，经微波炉加热或存放时间过长会发黄、变味。 **副菜**

Top2 色香味俱全

选择食材时可以从红、绿、黄、白、黑几色中挑选3~4种，色彩丰富的便当不仅营养均衡，视觉上也给人赏心悦目之感。在味道上，酸甜苦辣咸，多变不腻。烹调方式上，煎炒烹炸，一盒数种烹饪法，口感多样。

Top3 饭菜分开放

自带便当的饭、菜最好分开存放,用两三个盒装最为合适。先将装热菜的盒子用沸水烫过,把刚出锅的热菜装进去,然后盖严,稍微凉一点立刻放冰箱中。另外取一个饭盒,专门用来储藏不用加热的食品,如生番茄、生黄瓜、生菜等,最好不要切碎,或者也可以放一些新鲜水果。

Top4 安全健康

便当盒用过后要洗净,在再次装盒前,用干净的餐巾布蘸少许食醋水,将便当盒再擦一遍,醋味挥发后并不会影响菜肴的味道,还可以起到一定的杀菌作用。夏季气温高、湿度大的时候,宜少带豆制品,因为其在湿热环境下非常容易变质、变味。夏天应用保鲜膜抓饭团,隔着保鲜膜抓饭团不仅更干净,还不会弄脏手。此外,具有抗菌功效的梅干是夏季便当的必需品,不过它只对接触到的部位效果显著,所以我们可以把碾碎的梅肉和食物混在一起,不仅能保鲜,还更美味。尽量少带汤汁多的菜肴,水分多的菜容易滋生细菌,如果有汤要及时收汁。水果、生菜洗过后要擦干再装盒。

省时省力做晚餐：食材冷冻法

洗食材、切食材占用好多时间，想要快速做好一餐，怎么办？来试试食材的冷冻保存法，它不仅可以保留食材的鲜度，还省时省事，需要时直接取用即可，有了它，快速上菜不是问题。

▪ 畜肉冷冻秘诀大公开

猪瘦肉片

❶ 将猪瘦肉洗净，切成薄片。
❷ 按一次使用的分量分别用保鲜膜包好。
❸ 将肉片放入冷冻保存袋中冷冻保存。

猪瘦肉丝

❶ 将猪瘦肉洗净，切成细丝。
❷ 按一次使用的分量分别用保鲜膜包好。
❸ 将肉丝放入冷冻保存袋中冷冻保存。

猪 肉 末

❶ 将猪肉洗净，剁成肉末。　　❷ 放入冷冻保存袋，用筷子压出直线和横线，成方块状。　　❸ 将冷冻保存袋放入冰箱中冷冻保存。

猪 五 花 肉

❶ 将五花肉洗净，切成肉条。　　❷ 按一次使用的分量用保鲜膜包好。　　❸ 将肉条放入冷冻保存袋中冷冻保存。

牛 肉 丝

❶ 将牛肉洗净，切成丝。　　❷ 牛肉丝中放入盐，再倒入料酒、酱油拌匀腌渍。　　❸ 按一次使用的分量用保鲜膜包好，放入冷冻保存袋中冷冻保存。

牛 肉 块

❶ 将牛肉洗净，切成大块。

❷ 按一次使用的分量用保鲜膜包好。

❸ 将牛肉块放入冷冻保存袋中冷冻保存。

牛 肉 丁

❶ 将牛肉切成条，再改切成丁。

❷ 按一次使用的分量用保鲜膜包好。

❸ 将牛肉丁放入冷冻保存袋中冷冻保存。

牛 肉 末

❶ 将牛肉洗净，剁成肉末。

❷ 按一次使用的分量用保鲜膜包好。

❸ 将牛肉末放入冷冻保存袋中冷冻保存。

·禽肉冷冻秘诀大公开

鸡 胸 肉

❶ 将部分鸡胸肉切成丁。　❷ 将剩余鸡胸肉切成细丝。　❸ 按一次使用的分量用保鲜膜包好,放入冷冻保存袋冷冻保存。

鸡 肉 块

❶ 将带骨鸡肉剁成块,洗净后擦干表面水分。　❷ 按一次使用的分量包上保鲜膜。　❸ 将鸡肉块再放入冷冻保存袋冷冻保存。

鸭 肉 丁

❶ 将鸭肉切成条,再切成丁。　❷ 将切好的鸭肉丁用保鲜膜包好。　❸ 将鸭肉丁放入冷冻保存袋中冷冻保存。

▪ 海鲜冷冻秘诀大公开

虾

❶ 将鲜虾洗净,从背部开一刀,去除虾线。　　❷ 将处理好的虾按一定的间隔摆入盘中,封上保鲜膜,放入冰箱冷冻。　　❸ 将处理好的虾冻硬后取出,放入保鲜袋冷冻保存。

蛤 蜊

❶ 取一碗清水,放入适量盐,用勺子搅拌均匀成盐水(浓度约3%)。　　❷ 将蛤蜊放入盐水中,浸泡半天,使其吐沙。　　❸ 将蛤蜊的表面清洗干净,放入冷冻保存袋中冷冻保存。

鱿 鱼

❶ 将鱿鱼切成小段,备用。　　❷ 放入清水中洗净,捞出,沥干水。　　❸ 用保鲜膜包好,再放入冷冻保存袋中冷冻保存。

鱼块

❶ 鱼去鳞片、鱼鳃、内脏，洗净后，鱼肉分切成大块。
❷ 切好的鱼块均用保鲜膜包好。
❸ 再放入冷冻保存袋中冷冻保存。

鱼片

❶ 鱼去鳞片、鱼鳃、内脏，洗净后，去骨，将鱼肉再切成片。
❷ 将切好的鱼片用保鲜膜包裹好。
❸ 再放入冷冻保存袋冷冻保存。

鱼丁

❶ 鱼去鳞片、鱼鳃、内脏，洗净后，去骨，将鱼肉切成丁块。
❷ 将切好的鱼丁用保鲜膜包好。
❸ 再放入冷冻保存袋冷冻保存。

CHAPTER ②

早起十分钟
快速做早餐

一日之计在于晨,
一天之中最重要的一顿就是早餐。
早起十分钟,
快速、高效地做一顿营养早餐,
譬如煎饺、三明治、面条,
甚至是需要一些耐心的粥,
吃完之后开始元气满满的一天。

Good morning ········· 13min 2人份

生煎白菜饺

原料

饺子皮/14张
白菜/30克
胡萝卜/30克
香菇/30克

芹菜/30克
香菜/少许
白芝麻/少许

调料

盐/2克
白胡椒粉/2克

食用油/适量

制作方法

1. 将白菜、胡萝卜、香菇、芹菜均洗净，再剁碎。
2. 热锅注油烧热，倒入白菜碎、胡萝卜碎、香菇碎、芹菜碎，炒匀，调入盐、白胡椒粉，拌炒至七分熟，制成馅料盛出。
3. 取适量馅料包入饺子皮中，用手捏好四周，制成饺子生坯。
4. 煎锅中注入适量油烧热，放入饺子生坯，隔开摆好，煎一会儿，加入少量清水。
5. 盖上盖子，用小火煎约3分钟，揭开盖子，撒上白芝麻，再盖上盖，煎3分钟至熟。
6. 揭开盖子，将底呈焦黄色的煎饺装盘，放入洗净的香菜即可。

Point

煎饺子时不宜常翻动，以免饺子皮破裂。

Good morning ········· 🕐 15min 🍴 1人份

芝麻煎饼

原料

| 精面粉 /80 克 | 白芝麻 /6 克 |
| 鸡蛋 /1 个 | 黑芝麻 /6 克 |

调料

白砂糖 /6 克
黄油 /少许

制作方法

1. 将精面粉倒入大碗中；将鸡蛋打入小碗中，用筷子搅拌均匀。
2. 往面粉碗中倒入适量温水，搅拌匀。
3. 再倒入蛋液，加入白砂糖，放入白芝麻、黑芝麻，搅拌成泥糊状，制成煎饼糊。
4. 平底锅用小火加热，锅底涂上黄油，放入圆形不锈钢饼干模具。
5. 往模具内依次倒入适量煎饼糊。
6. 用小火将煎饼煎至呈金黄色，取出脱模，装盘即可。

Point

也可将煎饼糊直接放入烤箱，用上、下火180℃烤制约8分钟至熟即可。

Good morning ……… 7min 2人份

葱香包菜烘蛋

原料

包菜 / 200 克
鸡蛋 / 4 个
大葱 / 10 克

调料

盐 / 2 克　　白胡椒粉 / 2 克
鸡粉 / 1 克　食用油 / 适量

制作方法

1. 洗净的包菜切成粗丝；洗净的大葱切小段；鸡蛋打散，放入碗中。
2. 平底锅内放入适量食用油烧热，放入包菜丝，略炒。
3. 加入盐、鸡粉、白胡椒粉，调味，炒匀。
4. 将鸡蛋液倒入锅内，覆盖住包菜，加盖，待成形。
5. 揭盖，撒上大葱段，略煎一会儿。
6. 翻面，烘至两面焦黄即可。

如果所用平底锅的手柄也是铁制的，可放入烤箱中，烘烤至熟。

Good morning ……… 5min 2人份

胡萝卜豆角炒饭

原料

米饭 /250 克
豆角 /80 克
胡萝卜 /80 克
豌豆 /50 克
玉米粒 /50 克
蒜末 /少许
欧芹 /少许

调料

盐 /3 克
橄榄油 /适量

制作方法

1. 洗净的豆角切段；洗净去皮的胡萝卜切丁。
2. 锅中注入适量清水烧开，加入 1 克盐，淋入橄榄油。
3. 倒入胡萝卜丁、豌豆、玉米粒，焯 1 分钟。
4. 倒入豆角段，焯至所有食材熟透，捞出，沥干水分。
5. 锅中注入橄榄油烧热，倒入蒜末爆香，倒入米饭，炒至松散。
6. 放入焯好的食材，炒匀，加入 2 克盐炒入味，盛出，撒上欧芹即可。

Point

豆角在炒之前要先焯一下，成品的色泽才会翠绿。另外，豆角烹调时间不可过长，以免造成营养流失。

Good morning ……… 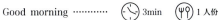 3min 1人份

彩虹炒饭

原料

米饭 /150 克
红椒 /50 克
玉米粒 /30 克
豌豆 /50 克

调料

盐 /2 克
鸡粉 /1 克
生抽 /少许
食用油 /适量

制作方法

1. 将红椒洗净，切成丁。
2. 锅中注入适量清水，大火烧开，倒入适量食用油，加入 1 克盐。
3. 倒入豌豆、玉米粒，焯 1 分钟，再倒入红椒丁，焯至转色捞出。
4. 炒锅上火，注油烧热，倒入米饭，炒至松散。
5. 放入焯过的食材，翻炒均匀。
6. 调入 1 克盐、鸡粉、生抽，炒至入味，盛出即可。

焯过水的豌豆不宜长时间翻炒，以免口感变差，营养价值降低。

Good morning ·········· 2min 1人份

三色饭团

原料

菠菜/45克
胡萝卜/35克
冷米饭/90克
熟蛋黄/25克

制作方法

1. 将熟蛋黄碾成末；胡萝卜去皮洗净，切粒。
2. 锅中加入适量清水，大火烧开，倒入菠菜，煮30秒，捞出放凉。
3. 沸水锅中放入胡萝卜粒，焯片刻，捞出。
4. 将放凉的菠菜切碎，待用。
5. 取一只大碗，倒入冷米饭、菠菜碎、胡萝卜粒、蛋黄末，和匀至有黏性。
6. 将拌好的米饭制成几个大小均匀的饭团，摆入盘中即可。

1

2

3

4

5

6

Point

之所以用冷米饭，是因为其有黏性。

Good morning 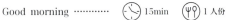 15min 1人份

南瓜粥

原料

米饭 / 100 克
南瓜 / 100 克
鼠尾草 / 适量

调料

鸡骨高汤 / 400 毫升　白胡椒粉 / 少许
盐 / 3 克　　　　　　鸡粉 / 少许

制作方法

1 将南瓜洗净削皮切成块。
2 将南瓜块放入锅中煮熟后捞出，部分南瓜块压碎成泥，装碗，另留一部分作装饰用。
3 将鸡骨高汤注入烧热的锅中，将米饭倒入锅中拌匀。
4 将南瓜泥与洗净的鼠尾草（留少许待用）倒入锅中，拌匀。
5 加盖煮5分钟至熟，揭盖加入盐、白胡椒粉、鸡粉调味。
6 煮约3分钟之后盛出，放上鼠尾草装饰即可。

Point

切南瓜时要切薄一点儿，这样容易熟，也可节省烹煮时间。

Good morning 9min 2人份

青豆面包粥

原料

面包 / 100 克
牛奶 / 250 毫升
青豆 / 300 克

制作方法

1. 面包用面包刀切细条形，再切成丁，装入盘中，备用。
2. 取榨汁机，放入洗净的青豆，再加入少许牛奶，榨成汁。
3. 锅置火上，倒入榨好的青豆汁。
4. 再加入剩下的牛奶。
5. 煮沸后倒入面包丁。
6. 搅拌匀，煮至面包丁刚刚变软，盛出面包粥装碗即可。

Point

还可以加入少许白糖，增加甜味。

Good morning ⏱ 10min 🍴 1人份

鸡肉枸杞粥

原料

[鸡胸肉 / 120 克
  米饭 / 100 克] [枸杞 / 适量
  香菜 / 适量]

调料

[盐 / 3 克
  水淀粉 / 3 毫升
  鸡粉 / 适量] [胡椒粉 / 适量
  食用油 / 适量]

制作方法

1. 洗净的鸡胸肉切成丝，装碗。
2. 碗中放入1克盐、鸡粉、水淀粉、食用油，抓匀，腌渍一会儿。
3. 砂锅中注水烧开，倒入米饭，搅拌匀，盖上盖，烧开后用小火煮8分钟至米饭熟软。
4. 揭盖，倒入鸡肉丝，拌匀，小火煮约1分钟。
5. 加入2克盐、胡椒粉，放入枸杞，用锅勺拌匀调味。
6. 把煮好的粥盛出，装入碗中，点缀上香菜即可。

Point

鸡肉丝入锅后不能煮制太久，以免肉质过老，影响成品口感。

Good morning ············   11min   2人份

胡萝卜鸡肉粥

原料

[鸡胸肉/180克   胡萝卜/60克
  米饭/200克   香菜叶/适量]

调料

[盐/3克   胡椒粉/适量
  水淀粉/3毫升   食用油/适量]

制作方法

1. 胡萝卜去皮洗净切成丁；香菜叶洗净切碎；洗净的鸡胸肉切成片，装碗。
2. 碗中放入1克盐抓匀，倒入水淀粉，抓匀，注入食用油，腌渍一会儿。
3. 砂锅注水烧开，倒入米饭拌匀，盖上盖，烧开后用小火煮至米饭熟软。
4. 揭盖，放入胡萝卜丁，倒入鸡肉片，拌匀，小火煮约1分钟。
5. 加入2克盐、胡椒粉，放入香菜碎，拌匀。
6. 把煮好的粥盛出，装入碗中即可。

 Point

鸡肉含有丰富的蛋白质，而且易消化，很容易被人体吸收利用。

Good morning 10min 1人份

南瓜麦片粥

原料

南瓜 / 150 克
即食燕麦片 / 80 克

调料

白糖 / 少许

制作方法

1. 南瓜洗净切片。
2. 砂锅中加入开水，倒入南瓜片，边煮边碾压，煮至南瓜呈泥状。
3. 再倒入备好的即食燕麦片，搅拌均匀，用中火煮至食材熟透。
4. 加入适量白糖。
5. 搅拌均匀，煮至白糖溶化。
6. 关火后盛出煮好的麦片粥，装在碗中即可。

Point

如果家中还有没有吃完的米饭，也可以加入其中一起煮。

Good morning ·········· 12min 2人份

瘦肉浓粥

原料

[猪瘦肉/100克　　高汤/适量
　米饭/100克　　　莳萝草/少许]

调料

[盐/3克　　　　　食用油/适量
　胡椒粉/适量]

制作方法

1. 洗净的猪瘦肉剁成末。
2. 洗净的莳萝草切碎。
3. 猪肉末中放入1克盐抓匀,注入适量食用油,拌匀。
4. 砂锅中注入高汤烧开,倒入米饭,搅拌匀,盖上盖,烧开后用小火煮8分钟至米饭熟软。
5. 揭盖,放入猪肉末和莳萝草碎,拌匀,小火煮约2分钟。
6. 加入2克盐、胡椒粉,拌匀,把煮好的粥盛出,装入碗中即可。

Point

如果时间比较充裕,可以用水发大米来熬粥,口感更好。

Good morning ·········· 10min 2人份

鸡蛋吐司

- - - • • • - - -

原料

鸡蛋/2个
吐司/2片
芝士丝/适量

调料

奶油/适量

制作方法

1. 将吐司切去四边；将烤箱调至上、下火150℃，预热2分钟，备用。
2. 往吐司上抹上奶油，撒上芝士丝。
3. 再将切下来的吐司条摆回吐司上围边。
4. 将吐司片放入预热好的烤箱中。
5. 以上、下火150℃烤约3分钟后取出，将鸡蛋打至烤好的吐司上。
6. 再放入烤箱中以150℃烤约5分钟至蛋熟即可。

1

2

3

4

5

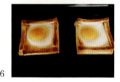
6

Point

可以在鸡蛋上撒些胡椒粉，用来提味。

Good morning  10min 1人份

吐司比萨

原料

吐司/1片
胡萝卜/50克
青椒半个
培根/1片
芝士/3片

调料

番茄酱/10克

制作方法

1. 将洗净的青椒、胡萝卜、培根切成末，芝士切成小片。
2. 在吐司上涂抹上番茄酱。
3. 撒上青椒末、胡萝卜末、培根末，再撒上芝士片。
4. 将备好的吐司放入烤箱中层。
5. 以上、下火200℃烤约8分钟即可。

Point

如果想缩短烤制的时间，可在准备食材前，将烤箱预热。

Good morning ·········· 7min 3人份

芝士吐司脆

原料

吐司 / 4 片
芝士片 / 4 片
芝麻 / 少许
香草碎 / 少许

制作方法

1. 首先将烤箱调至上、下火 200℃，预热。
2. 将吐司横竖各切一刀，成 4 小片。
3. 芝士片也同样切成 4 小片。
4. 每一小片吐司上，依次放上一小片芝士、少许芝麻、香草碎。
5. 放入预热至 200℃ 的烤箱中，烤约 5 分钟即可。

Point

刚出炉时，芝士片会鼓起来，过一会就会塌下去。

Good morning ……… 8min 2人份

金枪鱼烤吐司

原料

[罐装金枪鱼 / 2 大匙
吐司 / 2 片
蒜苗 / 1/2 根
洋葱 / 15 克
樱桃番茄 / 2 个
鸡蛋液 / 适量]

调料

[黑胡椒粉 / 少许]

制作方法

1 先将蒜苗洗净切末,樱桃番茄洗净切片,洋葱洗净剥皮后切末。
2 将金枪鱼、蒜苗末、洋葱末、黑胡椒粉混合拌成馅。
3 将吐司的一面沾上鸡蛋液后。
4 再将制作好的馅料放在上面。
5 最后将吐司放入 180℃的烤箱中,烤约 6 分钟。
6 取出后放上樱桃番茄片即可。

Point

最好将罐装金枪鱼沥干汁液,以免烤的时候吐司坍塌凹陷。

Good morning ······ 🕐 10min 🍽 1人份

土豆泥培根吐司

原料

土豆泥 / 20 克
培根 / 1 片
吐司 / 1 片
红甜椒 / 1/4 个
玉米粒 / 20 克
香芹 / 1 根
芝士丝 / 20 克
牛奶 / 100 毫升
奶油 / 适量

调料

盐 / 少许
黑胡椒粉 / 少许

制作方法

1. 吐司放入 200℃的烤箱中，烤至双面焦黄。
2. 土豆泥中加入牛奶、奶油、盐、黑胡椒粉，拌匀。
3. 红甜椒洗净切丁，香芹洗净切碎，培根片切丁。
4. 将土豆泥均匀抹在烤好的吐司上。
5. 再加入红甜椒丁、玉米粒、培根丁，最后撒上芝士丝。
6. 将吐司放入约 200℃的烤箱中，烤至芝士丝熔化，再撒上香芹碎装饰即可。

Point

可以用罐装玉米粒，口感会比较好。

Good morning ·········· 🕐 10min 🍴 2人份

牛油果元气三明治

原料

全麦吐司 / 2 片　　腰果 / 适量
牛油果 / 1 个　　　黑芝麻 / 适量
香蕉 / 1 根　　　　樱桃番茄 / 适量
牛奶 / 20 毫升　　　生菜 / 2 片

调料

黑胡椒碎 / 少许

制作方法

1. 牛油果洗净对半切开，切片；香蕉去皮切成小块。
2. 备好榨汁机，放入一半牛油果片、香蕉块，注入牛奶，榨汁后盛入杯中。
3. 用捣碎器将剩余的牛油果片、香蕉块捣成泥，制成果泥，倒入备好的盘中。
4. 全麦吐司对半切成三角形，将吐司放入烤盘，放入烤箱中，选择上、下火230℃加热，时间为5分钟。
5. 打开烤箱，取出烤好的吐司，抹上制好的果泥。
6. 放在铺好的干净生菜上，撒上黑胡椒碎，放入腰果、黑芝麻，放入切好的樱桃番茄即可。

1

2

3

4

5

6

Point

除了腰果，还可用其他坚果，如杏仁、核桃等。

扫一扫看视频

Good morning …………… ⏱ 5min 🍽 1人份

虾仁牛油果三明治

原料

山形吐司 / 2 片
大虾 / 6 个
牛油果 / 半个
洗净的生菜 / 2 片

调料

白酒 / 1 大匙
盐 / 适量
黑胡椒碎 / 适量
奶油 / 2 大匙
橄榄油 / 适量

制作方法

1 剥掉虾壳，去虾线，洗净，沥干水分。
2 将温度调至上、下火 180℃，将山形吐司放入铺有锡纸的烤盘中，烤约 2 分钟。
3 平底锅中倒橄榄油烧热，下入虾炒至变色，加入白酒、盐、黑胡椒碎，炒匀后盛出。
4 挖出牛油果肉，装碗，加入奶油、盐、黑胡椒碎，搅成泥。
5 取出 1 片吐司，涂上牛油果泥，铺上炒好的虾仁。
6 再夹上生菜，盖上另 1 片吐司，对半切开，装盘即可。

Point

处理虾时，除了去壳，还要去除虾线。

Good morning   10min 1人份

夏威夷吐司

原料

吐司 /1 片
火腿 /2 片
菠萝片 /2 片
芝士丝 /20 克
香芹末 / 适量

调料

番茄酱 /1 大匙
奶油 /2 小匙

制作方法

1. 烤箱调至 200℃，先预热 3 分钟。
2. 先将火腿切成小片。
3. 把吐司抹上奶油和番茄酱后，摆上菠萝片、火腿片，再撒上芝士丝。
4. 将吐司放入预热好的烤箱中。
5. 以 200℃ 烤约 5 分钟至芝士丝熔化、上色。
6. 再撒上香芹末即可。

 Point

如果家里没有菠萝，可以用苹果替代，一样好吃。

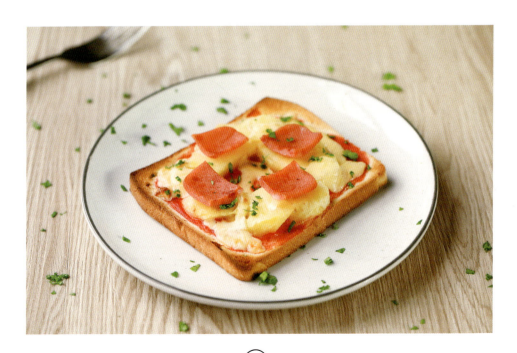

Good morning 8min 2人份

蛋沙拉三明治

原料

熟鸡蛋 / 3 个　　全麦吐司 / 6 片
樱桃萝卜 / 2 个　　葱花 / 少许

调料

奶油 / 12 克　　盐 / 少许
蛋黄酱 / 30 克　　黑胡椒粉 / 少许

制作方法

1. 樱桃萝卜洗净对半切片。
2. 将熟鸡蛋剥壳，切小块，装碗，加入蛋黄酱，拌匀。
3. 再加入樱桃萝卜片、葱花，调入盐、黑胡椒粉，拌匀，制成蛋沙拉。
4. 在全麦吐司的单面涂上奶油，再将蛋沙拉均匀地抹在吐司表面。
5. 再盖上另一块吐司，外层包上保鲜膜，等待味道融合。
6. 吃的时候，撕下保鲜膜，沿对角切开即可。

Point

可在碎鸡蛋中加入牛奶，这样可以使鸡蛋黏稠。牛奶、蛋黄酱这些清淡的馅料能激发鸡蛋原本的味道。

Good morning ·········   8min 1人份

奶油芝士小黄瓜三明治

原料

白吐司 / 4 片
小黄瓜 / 1 根

调料

奶油芝士 / 30 克　　盐 / 少许
白醋 / 少许　　　　黑胡椒粉 / 少许

制作方法

1. 将烤箱温度调至上、下火 180℃，白吐司放入烤箱中，烤至微微上色。
2. 将小黄瓜洗净，剖成两半，用刮皮刀刮出长薄片。
3. 然后将小黄瓜片平铺在盘子里，撒上盐、白醋，静置 5 分钟。
4. 取出吐司，将吐司单面涂上一层奶油芝士，再铺上小黄瓜片。
5. 撒一些黑胡椒粉调味，盖上另 1 片吐司。
6. 用刀将吐司沿对角切开即可。

Point

用盐腌过的黄瓜，一定要吸干水分，如果有水分，面包会被浸湿变黏。

Good morning ……………   8min   2人份

咖喱圆白菜三明治

扫一扫看视频

原料

[白吐司 /4 片
咖喱 /适量
圆白菜 /3 大片]

调料

[比萨芝士 /2 片
橄榄油 /适量]

制作方法

1. 圆白菜洗净切小片。
2. 平底锅中放入橄榄油，放入圆白菜片、咖喱炒匀，放入少许水，炒至收汁，装碗。
3. 将 1 片白吐司放在砧板上，放上圆白菜片，铺上比萨芝士，盖上另 1 片白吐司。
4. 将夹好的白吐司放入铺有锡纸的烤盘中，放入烤箱中，以上、下火 180℃，烤至比萨芝士熔化即可。

Point

可以将炒圆白菜的汤汁倒在吐司上，因为吐司烘烤后，汤汁会被烤干。

Good morning   6min   1人份

芒果鲜虾三明治

扫一扫看视频

原料
芒果丁 / 40 克
熟虾仁 / 40 克
吐司 / 1 片

调料
芝士丝 / 10 克
奶油 / 1 小匙
美乃滋 / 适量
香芹末 / 少许

制作方法
1. 烤箱以 180℃ 预热，备用。
2. 将熟虾仁与美乃滋、芒果丁拌匀。
3. 将吐司放入铺有锡纸的烤盘中，烤至微热后取出。
4. 在烤好的吐司上抹奶油。
5. 将虾仁、芒果丁放在吐司上，再撒上芝士丝。
6. 再将吐司放入烤箱中，烤至芝士丝熔化后取出，再撒上香芹末装饰即可。

Point

香芹的香味会更好地激发出虾的鲜美。

Good morning ………… 🕐 7min 🍴 1人份

热力三明治

原料

火腿/40克
生菜/20克
吐司/2片

调料

黄油/20克
马苏里拉芝士/2片

制作方法

1 火腿切成片。
2 洗净的生菜切段。
3 将吐司四周修整齐。
4 热锅放入黄油熔化，放入两片吐司煎香，再放上部分火腿片，放入两片马苏里拉芝士，再放入剩余火腿片、生菜段。
5 将两片三明治往中间对叠，煎至表面金黄色。
6 盛出，将三明治沿着对角切开即可。

扫一扫看视频

1

2

3

4

5

6

Point

吃的时候可蘸些草莓酱或番茄酱。

Good morning ·········· 8min 2人份

南瓜爆浆三明治

原料

南瓜泥 / 100 克
吐司 / 2 片

调料

芝士丝 / 20 克
奶油 / 适量

制作方法

1 将备好的南瓜泥与芝士丝拌匀，制成馅料。
2 将 2 片吐司单面先抹上奶油。
3 把拌好的南瓜泥馅料放入 1 片吐司上（抹奶油的面朝上）。
4 再盖上另 1 片吐司（抹奶油的面朝下）。
5 将吐司放入预热好的烤箱中，以 150℃的温度烤约 3 分钟。
6 取出，再对切即可。

Point

先预热烤箱，可节约时间。

Good morning   4min 2人份

金枪鱼沙拉三明治

原料

汉堡面包 / 2 个
罐装金枪鱼 / 50 克
玉米粒 / 10 克

生菜叶 / 2 片
紫洋葱末 / 20 克

调料

美乃滋 / 6 克
白糖 / 1 克

黑胡椒粉 / 2 克

制作方法

1. 将罐装金枪鱼打开，倒出，沥干汤汁；生菜叶洗净。
2. 再将金枪鱼和玉米粒倒入碗中，加入紫洋葱末及所有调料，拌匀，即为金枪鱼沙拉。
3. 将汉堡面包放进烤箱略烤至热。
4. 取出烤好的汉堡面包，待稍稍放凉后从中间横剖开。
5. 于中间依序放上备好的生菜叶及金枪鱼沙拉即可。

如果不喜欢甜甜的口感，可将白糖换成柠檬汁。

Good morning ……… 8min 2人份

红豆芒果三明治

扫一扫看视频

原料

吐司 / 4 片
芒果 / 1 个

调料

酸奶 / 3 大勺
红豆馅 / 3 大勺

制作方法

1. 芒果去皮，切成 3 片，再切成条状。
2. 吐司切去四边。
3. 2 片吐司的单面各自涂抹上一层酸奶。
4. 另 2 片吐司的单面涂抹红豆馅。
5. 在涂抹酸奶的吐司上摆放好芒果条。
6. 分别将涂抹红豆馅的吐司朝下与涂抹酸奶的吐司夹在一起制成三明治，再切成 4 等分即可。

1

2

3

4

5

6

Point

也可以将酸奶换成奶油。

Good morning ·········· 6min 2人份

蔬菜三明治

原料

方片吐司/2片
樱桃萝卜/100克
午餐肉/60克
生菜/适量

调料

蛋黄酱/20克
芝士片/50克

制作方法

1. 樱桃萝卜洗净，切成片；生菜洗净；午餐肉切片；吐司切去四边。
2. 将吐司放入预热至180℃的烤箱中烤约2分钟后取出。
3. 分别在吐司的一面抹上蛋黄酱。
4. 把吐司没有涂酱的一面朝下放，在上面依次放上生菜、樱桃萝卜片。
5. 再放上生菜、午餐肉、芝士片，再盖上另一片吐司。
6. 从中间一分为二切开即可。

1

2

3

4

5

6

Point

所有的蔬菜洗净后，一定要沥干水分。

Good morning ……… 8min　 1人份

吐司蜜桃派

原料

酸奶 / 50 克　　　草莓 / 2 个
吐司面包 / 2 片　　奇异果 / 半个
罐头水蜜桃 / 2 片　蓝莓 / 适量

调料

奶油乳酪 / 10 克
白砂糖 / 30 克

制作方法

1　吐司面包斜切成三角形，涂上奶油乳酪。

2　放入温度为180℃的烤箱中烤成金黄色。

3　平底锅中放入水及白砂糖，以小火煮成糖浆，待凉。

4　罐头水蜜桃切片；奇异果去皮并切片；草莓洗净，对切一半。

5　将酸奶抹在烤好的吐司面包上。

6　放上罐头水蜜桃片、草莓、蓝莓，淋上糖浆，再放入奇异果片即可。

Point

如果家中有枫糖浆，就不用自己煮糖浆。

Good morning ·········· 🕐 7min 🍴 1人份

番茄厚蛋烧

原料

番茄 / 150 克
鸡蛋 / 2 个

调料

盐 / 2 克
食用油 / 适量

制作方法

1. 番茄洗净切小瓣，去子、皮，切丁。
2. 鸡蛋打入碗中，调入盐，搅散。
3. 用食用油起锅，倒入鸡蛋液，放入番茄丁，煎约 4 分钟至成形。
4. 将成形的鸡蛋饼卷起来。
5. 关火后盛出番茄鸡蛋卷。
6. 放在砧板上，切成小段后摆盘即可。

Point

为了将鸡蛋饼完美地卷起来，可用日式方形煎蛋锅。

Good morning ………… 10min 3人份

西班牙烘蛋派

原料

鸡蛋/6个	芝士/50克
洋葱/30克	西蓝花/30克
樱桃番茄/4个	黑橄榄/4颗
火腿片/2片	土豆/30克
红甜椒/30克	奶油/60克
黄甜椒/30克	

调料

盐/适量	综合香料粉/适量
白胡椒粉/适量	

制作方法

1. 洋葱、樱桃番茄、火腿片、红甜椒、黄甜椒及黑橄榄皆洗净切小片。
2. 西蓝花、土豆洗净切成小丁；芝士切丁备用。
3. 将鸡蛋、盐、白胡椒粉一起打散成蛋液。
4. 取一个平底锅，放入奶油熔化后，依序加入洋葱片、樱桃番茄片、火腿片。
5. 放入红甜椒片、黄甜椒片、土豆丁、黑橄榄片、西蓝花丁炒香，再加入综合香料粉炒匀。
6. 加入蛋液，在锅内快速搅拌，直至蛋液呈半熟凝固状态，放芝士丁，盖上锅盖，以小火焖至芝士熔化即可。

1

2

3

4

5

6

Good morning ········  8min 2人份

豆角焖面

原料

细面条 / 200 克
豆角 / 100 克
红椒 / 适量
葱花 / 适量
蒜泥 / 适量
香菜末 / 适量
香菜叶 / 适量

调料

盐 / 适量
酱油 / 适量
陈醋 / 适量
食用油 / 适量
香油 / 适量

制作方法

1. 豆角洗净去筋，切成小段；红椒洗净，切成丝。
2. 热锅注入食用油烧热，盛出装碗，加入酱油、陈醋。
3. 再淋入香油，倒入香菜末、蒜泥、葱花，搅匀成调味汁，盛出备用。
4. 锅中注入处理好的食用油烧热，放入豆角段、红椒丝，炒至豆角变绿，调入酱油、盐，淋入适量清水。
5. 下入细面条抖散，均匀地铺在豆角上，盖盖焖制3分钟。
6. 加水再焖制3分钟，盛出淋上调味汁，放上香菜叶即可。

Point

豆角不易熟，可以适当延长焖制的时间，以防止食用后肠胃消化不良。

Good morning ·········   20min 3人份

龙须拉面

原料

细拉面 / 500 克
小油菜 / 50 克
猪肉馅 / 30 克
番茄 / 1 个
大葱 / 适量
生姜 / 适量
大蒜 / 适量

调料

食用油 / 适量
盐 / 2 克
老抽 / 5 毫升

制作方法

1. 洗净的番茄,切小块;大葱切葱花;生姜和大蒜切末;小油菜摘洗干净,切成段。
2. 沸水锅中加入细拉面煮至熟软,捞出;小油菜段焯水捞出。
3. 锅中倒油烧热,加入猪肉馅炒匀,放入葱花、姜末、蒜末。
4. 加入小碗清水,放入番茄块煮至软烂。
5. 加入老抽、盐,拌匀,即成酱料。
6. 盛出倒在拉面上,再放上小油菜段即可。

Point

揉好的面团可以抹些香油饧发,味道更加爽口。

Good morning ·········· 16min 2人份

芦笋蛋奶面

原料

宽蛋面 / 200 克
绿芦笋 / 100 克
樱桃番茄 / 80 克
荷兰芹 / 少许
起司粉 / 适量

调料

蛋奶酱 / 30 克
盐 / 适量
橄榄油 / 适量

制作方法

1. 取一煮面锅,加入一锅水,用中火煮开后加入盐,放入宽蛋面,边煮边搅拌。
2. 待煮开时转小火,续煮约 10 分钟后取出,沥干水分,装入盘中。
3. 绿芦笋洗净,切段;樱桃番茄洗净,切成两半;荷兰芹洗净,切碎末,备用。
4. 平底锅加橄榄油烧热,依次将绿芦笋段、樱桃番茄放入炒香,加入宽蛋面拌炒。
5. 转小火,倒入蛋奶酱,拌炒匀后装盘。
6. 撒上起司粉,用荷兰芹碎末点缀装饰即可。

Point

未用完的绿芦笋可放入冰箱中,用湿布盖在芦笋上,这样能够保存较长时间。

Good morning 11min 1人份

清汤蝴蝶面

原料

蝴蝶面/80克　五花肉/50克
番茄/60克　　豌豆/30克
胡萝卜/50克　葱花/适量

调料

盐/2克　　　生抽/适量
鸡粉/2克　　食用油/适量
料酒/8毫升

制作方法

1. 洗净的番茄切块，胡萝卜去皮洗净切片。
2. 洗净的五花肉切片，加入少许盐、料酒、生抽拌匀。
3. 锅中注水烧开，淋入少许食用油，加入盐，放入胡萝卜片、豌豆，焯至熟，捞出。
4. 锅中注油，倒入五花肉片，淋入料酒，炒香，放入焯好的胡萝卜片、豌豆，再加入番茄块，炒匀。
5. 注入适量清水，煮至沸腾。
6. 倒入蝴蝶面，煮至熟软，加入盐、鸡粉、生抽调味，盛出撒入葱花即可。

Good morning  15min 2人份

意式鸡油菌炒面

原料

意大利面 / 200 克
鸡油菌 / 100 克
蒜末 / 25 克

调料

橄榄油 / 20 毫升　　黑胡椒粒 / 4 克
盐 / 3 克

制作方法

1　在烧热的锅中注入清水,加适量盐。
2　将意大利面放入锅中煮 10 分钟至熟,捞出用凉水浸泡。
3　将鸡油菌洗净,沥干水分。
4　在烧热的锅中倒入橄榄油,放入蒜末炒香,放入鸡油菌,加盐翻炒片刻。
5　将意面从冷水中捞出放入锅中,加入黑胡椒粒。
6　炒匀入味后盛出装盘即可。

Point

200 克的意大利面要用 2 升左右的水煮制,待水沸腾后再加盐。

Good morning 16min 1人份

樱桃番茄酱意大利面

原料

樱桃番茄 / 50 克
意大利面 / 100 克
薄荷叶 / 适量

调料

橄榄油 / 10 毫升　　芝士 / 少许
罗勒青酱 / 适量　　　盐 / 适量

制作方法

1. 将樱桃番茄洗净对半切开待用,芝士切成薄片。
2. 将意大利面放入有清水的锅中煮 12 分钟至熟,捞出放入凉水中浸泡。
3. 在烧热的锅中倒入橄榄油,将樱桃番茄放入锅中,加适量盐翻炒片刻。
4. 将少量芝士片与罗勒青酱放入锅中,炒匀。
5. 将意大利面捞出沥干水分,放入锅中翻炒匀,盛出。
6. 放上薄荷叶与剩余芝士片装饰即可。

 Point

可以一次煮多一些意大利面,沥干水分后放入冰箱分几次食用。

Good morning ⋯⋯⋯⋯ 6min 1人份

酱炒黄面

原料

熟黄面 / 120 克　　甜面酱 / 15 克
熟鸡肉 / 60 克　　 豆瓣酱 / 15 克
圆椒 / 40 克　　　 葱花 / 少许

调料

鸡粉 / 3 克
生抽 / 5 毫升
食用油 / 适量

制作方法

1 洗净的圆椒切去头和尾，去子，切成细条。
2 熟鸡肉切成条，待用。
3 热锅注油烧热，倒入豆瓣酱、熟鸡肉条、圆椒条、甜面酱，炒拌。
4 注入 120 毫升的清水，拌匀。
5 倒入备好的熟黄面，加入鸡粉、生抽，拌匀。
6 放入葱花，充分炒匀，盛入盘中即可。

扫一扫看视频

1

2

3

4

5

6

如果喜欢吃辣，可以加入适量的辣椒粉。

Good morning ······ 6min 1人份

通心粉沙拉

原料

通心粉 / 100 克
番茄 / 200 克
罗勒叶 / 20 克

调料

盐 / 2 克　　黑胡椒碎 / 3 克
蜂蜜 / 5 克　　橄榄油 / 3 毫升

制作方法

1 将番茄洗净切块。
2 锅中注入适量清水,大火烧热,加入少许盐,煮沸后放入通心粉。
3 通心粉煮熟后捞起,在冰水中冰镇,再沥干水分。
4 通心粉、番茄块与洗净的罗勒叶装入碗中。
5 加入盐、蜂蜜、黑胡椒碎、橄榄油拌匀之后装入碗中即可。

Point

通心粉可以事先在温水中泡一会儿,这样可以节省煮制的时间。

Good morning ·········· 8min 2人份

泰式青柠炒粉

原料

河粉/180克　　红椒圈/少许
鸡蛋/2个　　　虾米/少许
小白菜/30克　　青葱/少许
青柠檬/1个

调料

食用油/适量　　生抽/5毫升
盐/2克　　　　鱼露汁/5毫升
胡椒粉/2克

制作方法

1. 煎锅置火上，倒入少许食用油，烧至四成热，打入鸡蛋，炒散，盛出。
2. 油锅中加入洗净的虾米、小白菜、红椒圈，炒匀。
3. 锅中加入河粉，快速翻炒，调入盐、生抽、胡椒粉、鱼露汁，炒匀。
4. 锅中再加入少许清水，快速翻炒一会儿，至河粉变软。
5. 青柠檬切开，挤入少许柠檬汁。
6. 再加入青葱、鸡蛋，翻炒均匀即可。

 Point

也可用黄柠檬代替青柠檬，酸性味道会稍微轻一点儿。

CHAPTER 3

营养又美味
轻松做上班族快手便当

对于上班族的你来说，
工作和健康，一样很重要；
对于爱美的你来说，
美食和体型，也一样很重要。
做一份可口、养眼又营养的工作日便当，
既能带来好心情，又能为身体加油、充电……

Good afternoon ·········· 22min 1人份

虾仁青豆便当

Menu

虾仁豆丁

卡通蛋黄饼

虾仁豆丁

食材

- 虾仁 / 300 克
- 玉米粒 / 适量
- 青豆粒 / 适量
- 蛋清 / 适量
- 盐 / 适量
- 白胡椒 / 适量
- 白糖 / 适量
- 料酒 / 适量
- 生抽 / 适量
- 柠檬汁 / 适量
- 食用油 / 适量

制作方法

1. 虾仁洗干净，开背除去虾线，加蛋清、盐、生抽、料酒、柠檬汁、白胡椒拌匀。
2. 玉米粒、青豆粒烫熟后捞出。
3. 热锅倒油烧热，下虾仁翻炒至变色。
4. 加入玉米粒和青豆粒，用盐、白糖调味，炒匀即可。

卡通蛋黄饼

食材

- 鸡蛋 / 1 个
- 青豆 / 2 颗
- 胡萝卜丝 / 少许
- 食用油 / 适量

制作方法

1. 将鸡蛋的蛋清和蛋黄分开，取蛋黄打散，调成蛋液。
2. 热锅注油，倒入蛋黄液，小火煎一张蛋皮。
3. 用猫咪模具印出猫咪图案，放上两颗青豆当眼睛，胡萝卜丝作为嘴巴即可。

Good afternoon ………… 18min   1人份

饭团便当

芦笋培根卷

海苔饭团

核桃杯

```
┌─────────────────┐
│     Menu        │
│─────────────────│
│     核桃杯      │
│─────────────────│
│    海苔饭团     │
│─────────────────│
│    芦笋培根卷   │
└─────────────────┘
```

核桃杯

食材

[核桃/适量]

制作方法

1 将核桃砸碎,取出核桃仁。

2 烤箱预热。

3 将核桃仁放入烤盘。

4 再将烤盘放入烤箱低温烤香。

5 将烤好的核桃仁放入蛋糕纸杯中,塞入木质便当盒中。

海苔饭团

食材

大米 / 适量
烤海苔 / 5 片
盐 / 适量

制作方法

1 大米放入电饭锅中煮熟,盛出放凉到温热状态。
2 将手洗净,手指尖蘸上适量的盐,左手掌呈内圆形取适量米饭放入,来回转动,同时右手帮助用力按捏,形成三角形。
3 用烤海苔片包裹饭团的中部,使其与饭团粘合,依次将海苔饭团制好。

芦笋培根卷

食材

鲜芦笋 / 40 克
培根 / 30 克
干淀粉 / 适量
食用油 / 适量

制作方法

1 鲜芦笋洗净,选取脆嫩的笋尖部分使用;每片培根分切成 2~3 段备用。
2 芦笋尖放入沸水锅中,焯片刻至其断生,捞出沥干。
3 将芦笋尖包卷入培根中,尾部撒点干淀粉捏紧,煎锅加少许油烧热,将芦笋培根卷放入煎锅煎熟即可。

Good afternoon 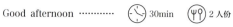 30min 2人份

刺猬卷鸡排便当

Menu

刺猬饭团

芦笋火腿卷

香煎鸡排

水果沙拉

刺猬饭团

食材

熟米饭 / 50 克
海苔 / 1 片
胡萝卜片 / 少许

制作方法

1. 取适量熟米饭，放入套有保鲜膜的刺猬模具中压实，待饭团定型后取出。
2. 用海苔剪出刺猬的眼睛和身上的刺。
3. 取少许胡萝卜片，剪出刺猬的嘴巴，贴在刺猬饭团适宜的位置即可。

芦笋火腿卷

食材

芦笋 / 20 克　　盐 / 少许
火腿 / 30 克　　食用油 / 适量

制作方法

1. 将芦笋洗净切段，放入加了盐的沸水锅内焯至断生，捞出沥干。
2. 用火腿将焯好的芦笋包裹起来。
3. 平底锅内加少许油烧热，放入芦笋火腿卷微煎一下，盛出即可。

香煎鸡排

食材

[鸡胸肉 /200 克
  鸡蛋 /1 个
  淀粉 /适量
  面粉 /适量
  盐 /适量]

[胡椒粉 /适量
  料酒 /适量
  咖喱粉 /适量
  食用油 /适量]

制作方法

1 将鸡胸肉切成薄块,加盐、胡椒粉、料酒和咖喱粉腌渍 10 分钟至入味。

2 准备两个碗,一个碗里面放三大勺面粉和一大勺淀粉的混合物,一个碗里面将鸡蛋打散备用。

3 将腌渍好的鸡胸肉块裹一层鸡蛋液,然后再裹一层面粉、淀粉的混合物。

4 热锅注入少许食用油,将裹好的鸡排放入锅中煎至呈金黄色即可。

水果沙拉

食材

[香瓜 /适量
  火龙果 /适量
  樱桃番茄 /适量]

[苹果 /少许
  沙拉酱 /5 毫升
  柠檬汁 5 毫升]

制作方法

1 香瓜、火龙果、苹果洗净切薄片,然后取便当小模具印出星星、爱心、花朵等图案。

2 樱桃番茄洗净对半切开。

3 取一便当盒,将印好形状的水果和切半的樱桃番茄放入盒中,淋上柠檬汁拌匀,再淋上沙拉酱即成。

Good afternoon ·········· 🕐 17min 🍴 1人份

小猪玫瑰花包饭便当

```
┌─────────────────┐
│      Menu       │
│ --------------- │
│    紫菜包饭     │
│ --------------- │
│    鸡蛋玫瑰花   │
│ --------------- │
│    小猪香肠     │
└─────────────────┘
```

紫菜包饭

食材

[米饭 /1 小碗   芝士 /2 片
  番茄 /1 个   紫菜 /1 张
  番茄沙司 /2 汤勺 盐 /适量
  玉米肠 /2 根]

制作方法

1 番茄洗净去蒂切十字花刀，倒扣在米饭中间，撒入盐调味。

2 将番茄捣碎，并加入番茄沙司调味。

3 保鲜膜上放紫菜，取一半的番茄饭铺上，盖上一片芝士。

4 放入对半切开的玉米肠，再盖上芝士片，接着铺上剩下的番茄饭。

5 将紫菜包饭压实定型 10 分钟，取出紫菜包饭，切开即可。

鸡蛋玫瑰花

食材

鸡蛋 / 1 个
盐 / 少许
胡椒粉 / 少许
玉米淀粉 / 少许
香肠片 / 6 片
黄瓜 / 适量
食用油 / 适量

制作方法

1. 鸡蛋取蛋黄加盐、胡椒粉、玉米淀粉混匀。
2. 锅注油烧热,倒入鸡蛋液,迅速转动锅,待鸡蛋液边缘稍稍翘起,翻面摊 10 秒。
3. 取出切开,加入香肠片,折成长条形,卷成玫瑰花形。
4. 刨出薄薄的黄瓜皮,作为玫瑰花的叶子,装饰好即可。

小猪香肠

食材

方块火腿肠 / 1 块
海苔 / 1 张

制作方法

1. 用方块火腿肠切出长方形的身体,剪出小猪的鼻子、耳朵和 4 只猪蹄。
2. 对折海苔,剪出眼睛和鼻孔,再剪一条长方形,划分猪头和猪身。
3. 把海苔和火腿肠放在适当的位置,就可以做出小猪造型的香肠了。

Good afternoon ············ 25min 2人份

星耀动物便当

```
Menu
------
炸春卷
------
酸辣土豆丝
------
花色萝卜
------
动物西瓜
```

炸春卷

食材

[春卷皮 / 100 克　　鸡粉 / 适量
　包菜 / 70 克　　　料酒 / 适量
　瘦肉 / 80 克　　　生抽 / 适量
　香干 / 40 克　　　水淀粉 / 适量
　盐 / 适量　　　　食用油 / 适量]

制作方法

1. 将香干、包菜、瘦肉均洗净切丝，倒入油锅中淋少许料酒炒香。
2. 加入少许盐、生抽、鸡粉炒匀，倒入适量水淀粉。
3. 关火后盛出炒熟的材料，即成馅料。取春卷皮，取适量馅料包好。
4. 热锅温油，调至小火，慢炸包好的春卷，炸至金黄色捞出，放在吸油纸上控油。

酸辣土豆丝

食材

[土豆 / 1 个　　　白醋 / 适量
　小红椒 / 2 根　　盐 / 适量
　蒜 / 2 瓣　　　　食用油 / 适量
　葱 / 1 根]

制作方法

1. 土豆切丝，放入清水中浸泡洗净，然后捞出沥干。
2. 小红椒洗净切碎，蒜剥皮拍碎，葱切成葱花。
3. 热锅倒油烧热，放蒜碎、小红椒碎爆香。
4. 放沥干后的土豆丝炒匀，加盐调味，白醋沿锅边淋入，撒葱花，炒匀关火。

花色萝卜

食材

[紫甘蓝/30克　白醋/适量
　白萝卜/1段　食用油/适量
　盐/适量]

制作方法

1. 白萝卜削皮洗净,切片;紫甘蓝洗净切块。
2. 把白萝卜片和紫甘蓝块分别放入加了少许盐和食用油的开水锅里焯一下。
3. 把紫甘蓝块捞出,放入榨汁机榨汁,加入少许白醋,然后过滤一下残渣。
4. 把白萝卜片用模具压出花形,放入紫甘蓝汁里充分浸泡。
5. 泡至变色,中间需要翻面,直至两面都均匀染上色。

动物西瓜

食材

[黄瓤西瓜/80克]

制作方法

1. 黄瓤西瓜切薄片,用喜欢的动物模具压出几块动物西瓜。
2. 换上星星模具,压出几块星星西瓜。

Good afternoon ············ 24min 2人份

幸福小狮子便当

春笋炒腊肠

笑脸饭团

蔬菜厚蛋烧

Menu

蔬菜厚蛋烧

笑脸饭团

春笋炒腊肠

蔬菜厚蛋烧

食材

胡萝卜丁/30 克	鸡蛋/3 个
青豆粒/30 克	盐/适量
玉米粒/30 克	食用油/适量

制作方法

1. 胡萝卜丁、青豆粒、玉米粒剁碎，放入调散的鸡蛋液中，加盐调匀。
2. 不粘锅烧温热刷油，舀适量鸡蛋液倒入锅内，平摊成蛋饼，将鸡蛋饼慢慢卷起。
3. 卷好的鸡蛋饼推至锅边，再下鸡蛋液重复上面的步骤直到蛋液用完。将鸡蛋饼取出切块。

笑脸饭团

食材

[米饭 / 适量　　寿司醋 / 适量
  海苔 / 1 张　　盐 / 适量
  火腿肠 / 少许]

制作方法

1. 煮好米饭，加入适量寿司醋、盐拌匀。
2. 米饭装入扁平圆形容具中压平，然后倒扣出来。
3. 用海苔剪出眉毛、眼睛、嘴巴、鼻子，贴在适当位置，用火腿肠切片做脸蛋腮红。

春笋炒腊肠

食材

[竹笋片 / 100 克　　鸡粉 / 适量
  腊肠片 / 75 克　　　生抽 / 适量
  姜片 / 2 克　　　　 水淀粉 / 适量
  蒜片 / 2 克　　　　 食用油 / 适量
  葱段 / 2 克　　　　 料酒 / 适量
  盐 / 适量]

制作方法

1. 用油起锅，倒入姜片、蒜片、葱段，爆香。
2. 放入腊肠片炒香，倒入焯过水的竹笋片，炒匀。
3. 淋入料酒、生抽，注入少许清水，加入盐、鸡粉，炒匀。
4. 再用水淀粉勾芡，煮至食材熟透。

Good afternoon ············ 13min 2人份

炫彩肉球豆腐酿便当

Menu

彩椒鸡肉球

鲜虾豆腐酿

彩椒鸡肉球

食材

[鸡腿肉 / 100 克
红甜椒 / 30 克
黄甜椒 / 30 克
西葫芦 / 40 克
洋葱 / 少许]

[番茄酱 / 少许
胡椒粉 / 适量
盐 / 适量
食用油 / 适量]

制作方法

1. 洗净的鸡腿肉切丁，洋葱切片，西葫芦和红、黄甜椒均切块。
2. 锅中注油烧热，爆香洋葱片，鸡丁皮朝下放好，盖上盖，小火烧片刻后等鸡肉卷起。
3. 放入彩椒块和西葫芦块，翻炒片刻，加盖焖片刻，加盐、胡椒粉炒匀。
4. 加入少许番茄酱，取少量团成圆形，其余直接装盘即可。

鲜虾豆腐酿

食材

[虾 10 只
豆腐 50 克
猪肉 20 克
盐 / 少许
鱼露 / 少许]

[酱油 / 少许
淀粉 / 适量
胡椒粉 / 适量
芝麻油 / 适量]

制作方法

1. 虾洗净，去壳、虾线，剁成泥状。
2. 猪肉剁成泥，和虾泥混匀，加入胡椒粉、淀粉和盐拌匀。
3. 将鱼露、酱油、芝麻油调成酱汁。
4. 豆腐切块，镶入肉馅中，放入蒸锅蒸 3～5 分钟。
5. 将酱汁煮开，倒在蒸好的豆腐肉馅上即可。

Good afternoon ⋯⋯⋯⋯ 🕐 53min 🍴 2人份

花样杂粮田园便当

Menu

西蓝花杂粮饭

日式蛋卷

凉拌彩椒

西蓝花杂粮饭

食材

[西蓝花 / 70 克　　水发黑米 / 50 克
  水发糙米 / 50 克　水发大米 / 50 克]

制作方法

1. 西蓝花切成小朵，放入沸水锅中焯熟放凉。
2. 锅中注入清水，放入水发糙米、水发黑米、水发大米，以大火煮开。
3. 改小火煮 30 分钟后关火，放入焯熟放凉后的西蓝花闷 15 分钟即可。

日式蛋卷

食材

鸡蛋/2个	胡椒粉/适量
胡萝卜丁/50克	食用油/适量
洋葱丁/50克	盐/适量
葱花/适量	

制作方法

1. 鸡蛋打散,加盐拌匀,加胡萝卜丁、洋葱丁、葱花和少量胡椒粉拌匀。
2. 热锅注油,倒入部分蛋液,煎至成形后卷起至蛋饼的二分之一处。
3. 将蛋饼重新拉至边缘,在空余锅底处刷油,再次倒入剩余蛋液,成形后卷起。
4. 将煎好的蛋卷切段即可。

凉拌彩椒

食材

青椒/1个	芝麻油/适量
红椒/1个	陈醋/适量
黄椒/1个	白糖/适量
黑芝麻/少许	盐/适量

制作方法

1. 将青椒、红椒、黄椒分别洗净去子,切成丝。
2. 将三种彩椒丝放入沸水锅中,焯至断生,捞出。
3. 碗中放芝麻油、陈醋、白糖、盐、青椒丝、红椒丝、黄椒丝,拌匀后撒上黑芝麻即可。

Good afternoon ·········· 11min 1人份

泰式沙拉三明治便当

Menu

泰式鲜虾沙拉

芝士火腿蛋三明治

泰式鲜虾沙拉

食材

鲜虾 / 200 克
豆芽 / 100 克
黄瓜 / 50 克
洋葱 / 25 克
红辣椒 / 1 个

柠檬汁 / 适量
鱼露 / 适量
盐 / 适量
胡椒粉 / 适量

制作方法

1. 豆芽洗净，焯熟沥干；黄瓜洗净切片；洋葱洗净切丝；红辣椒洗净切圈。
2. 鲜虾去壳去头，放入沸水中焯熟。
3. 柠檬汁、鱼露、盐和胡椒粉调成酱汁。
4. 将所有蔬菜和鲜虾放入碗中，倒入调好的酱汁，拌匀即可。

芝士火腿蛋三明治

食材

鸡蛋 / 1 个
吐司 / 2 片
芝士 / 1 片

火腿 / 1 片
沙拉酱 / 适量

制作方法

1. 鸡蛋煎熟。
2. 取一片吐司，铺上一片芝士，然后铺上火腿片。
3. 铺上煎好的鸡蛋，加入沙拉酱，再将另一片吐司铺上即可。

Good afternoon ………… 10min 1人份

小熊咖喱便当

Menu

小熊饭团

咖喱鸡肉

蛋饼

小熊饭团

食材

大米 / 适量
芝士 / 2 片
海苔片 / 少许
酱油 / 少许

制作方法

1 大米淘净，加适量冷水上锅蒸熟。

2 取出蒸熟后的米饭，加入酱油搅拌均匀。

3 用保鲜膜将米饭团成小熊的头，摆在合适位置，再团出小熊的耳朵和肚子。

4 用芝士片做出小熊的嘴巴和耳朵，用海苔片剪出小熊的眼睛、鼻子和嘴巴，摆在适当的位置即可。

咖喱鸡肉

食材

鸡脯肉 / 200 克
土豆 / 50 克
胡萝卜 / 50 克
口蘑 / 50 克
咖喱 / 适量
食用油 / 适量

制作方法

1. 将土豆、胡萝卜、鸡脯肉、口蘑洗净切成小块备用。
2. 锅里放油，油热后倒入鸡脯肉块翻炒片刻。
3. 加入土豆块、胡萝卜块继续翻炒，加1碗水和1块咖喱进去拌匀。
4. 加入口蘑块一起煮熟即可。

蛋饼

食材

鸡蛋 / 2 个
火腿肠 / 适量
玉米淀粉 / 适量
食用油 / 适量

制作方法

1. 锅里薄薄抹一层油，鸡蛋加少许玉米淀粉搅拌均匀，倒入锅中摊成蛋饼。
2. 把蛋饼切成方形，盖在小熊身上做被子，用米饭做出小熊的胳膊放在被子上面。
3. 用波浪刀将小熊胳膊以下的蛋饼两边切出花纹。
4. 再用火腿肠压一些星星、小花和爱心，作为装饰即可。

Good afternoon 18min 3人份

鱼翔田园便当

田园沙拉

肉末空心菜

椒盐鱼块

Menu

椒盐鱼块

肉末空心菜

田园沙拉

椒盐鱼块

食材

鱼肉 / 200 克   生粉 / 适量
鸡蛋液 / 适量   料酒 / 适量
花生油 / 适量   盐 / 适量
白胡椒粉 / 适量 椒盐粉 / 适量

制作方法

1. 鱼肉切成块状，放入白胡椒粉、盐、料酒，腌渍 10 分钟。
2. 鱼块先裹鸡蛋液，再裹生粉。
3. 热油锅，油温达到 150℃时，放入鱼块，炸至金黄酥脆捞起备用。
4. 撒上椒盐粉，入锅翻炒片刻即可。

肉末空心菜

食材

空心菜 / 200 克
肉末 / 100 克
彩椒 / 40 克
姜丝 / 少许

盐 / 适量
生抽 / 适量
食用油 / 适量

制作方法

1. 洗净的空心菜切段，彩椒切丝。
2. 热油锅，倒入肉末，大火炒至松散。
3. 淋入生抽，炒匀，撒入姜丝，放入空心菜段炒熟软。
4. 倒入彩椒丝，炒匀，加适量盐炒至食材入味即可。

田园沙拉

食材

黄瓜 / 150 克
番茄 / 100 克
洋葱 / 50 克
黑橄榄 / 少许

盐 / 少许
橄榄油 / 少许
白醋 / 少许

制作方法

1. 洗净的黄瓜切片，番茄切块，洋葱切片，黑橄榄切圈。
2. 将黄瓜片、番茄块、洋葱片、黑橄榄圈放入碗中。
3. 淋上橄榄油和白醋，加盐拌匀装盘即可。

Good afternoon ············ 🕐 30min 🍴 1人份

低热量瘦身便当

香菇鸡蛋饼

糙米饭

水果蔬菜沙拉

```
┌─────────────────┐
│      Menu       │
├─────────────────┤
│   水果蔬菜沙拉   │
├─────────────────┤
│   香菇鸡蛋饼     │
├─────────────────┤
│     糙米饭       │
└─────────────────┘
```

水果蔬菜沙拉

食材

黄瓜/20克	猕猴桃/适量
西蓝花/20克	苹果/适量
紫甘蓝/20克	酸奶/少许
生菜/20克	

制作方法

1 水果洗净去皮,切成块状。

2 黄瓜、紫甘蓝洗净切丝,西蓝花洗净切小朵,生菜洗净剥成小块。

3 西蓝花、紫甘蓝丝放入沸水锅中焯熟。

4 将处理好的蔬菜和水果放入玻璃碗,倒入酸奶拌匀即可。

香菇鸡蛋饼

食材

鸡蛋 / 2 个
香菇 / 适量
盐 / 适量
胡椒粉 / 适量
食用油 / 适量

制作方法

1. 香菇洗净去蒂，切成小粒。
2. 鸡蛋打散，加水、盐、胡椒粉拌匀，加入香菇粒拌匀。
3. 平底锅烧热注油，倒入调好的蛋液，以小火煎成鸡蛋饼。
4. 将煎好的鸡蛋饼取出，趁热卷起，然后切成块即可。

糙米饭

食材

大米 / 80 克
糙米 / 50 克

制作方法

1. 大米和糙米分别淘洗干净。
2. 将大米和糙米放入电饭锅中，加入适量清水，煮熟盛出即可。

Good afternoon 23min 2人份

荷兰豆牛肉卷便当

鲜虾沙拉

金针菇牛肉卷

盐焗荷兰豆

Menu

金针菇牛肉卷

盐焯荷兰豆

鲜虾沙拉

金针菇牛肉卷

食材

牛肉 / 150 克
金针菇 / 50 克
蛋清 / 30 克

盐 / 适量
食用油 / 适量

制作方法

1. 牛肉洗净，切成薄片，加盐腌渍 15 分钟至入味。
2. 铺平牛肉片，抹上蛋清，放入洗净的金针菇，卷成卷，用蛋清涂抹封口。
3. 煎锅注油，放入金针菇牛肉卷煎至熟透，盛出即可。

盐焗荷兰豆

食材

荷兰豆 / 150 克
盐 / 适量
食用油 / 适量

制作方法

1. 荷兰豆洗净,放入沸水锅中焯水。
2. 变色后捞出,用冷水冲洗。
3. 热油锅,倒入荷兰豆翻炒,加盐调味,炒匀即可。

鲜虾沙拉

食材

鲜虾 / 150 克
绿豆芽 / 100 克
黄瓜 / 50 克
洋葱 / 25 克
红辣椒 / 适量
柠檬汁 / 适量
鱼露 / 适量
盐 / 适量
胡椒粉 / 适量

制作方法

1. 鲜虾去壳、头、虾线,沸水焯熟;绿豆芽沸水焯熟备用。
2. 黄瓜、洋葱、红辣椒洗净切丝。
3. 柠檬汁、鱼露、盐、胡椒粉调成酱汁。
4. 将蔬菜和鲜虾放入碗中,加入酱汁拌匀即可。

Good afternoon ·········· 43min 2人份

三杯鸡便当

木耳炒油菜

咖喱土豆

三杯鸡

Menu

三杯鸡

咖喱土豆

木耳炒油菜

三杯鸡

食材

鸡肉 / 200 克	米酒 / 适量
玉米油 / 适量	蒜末 / 适量
芝麻油 / 适量	姜片 / 适量
老抽 / 适量	干辣椒 / 适量
生抽 / 适量	冰糖 / 6 颗

制作方法

1. 热锅，先下玉米油，待油温升至七成热，下芝麻油。
2. 下蒜末、姜片、干辣椒煸香。
3. 放入洗净的鸡肉，翻炒至鸡肉变色，加生抽、老抽炒匀。
4. 倒米酒，放冰糖，大火烧开。
5. 转中小火盖锅盖焖煮 20 分钟。
6. 待锅内汁水收至九成时，转大火翻炒即可。

咖喱土豆

食材

[土豆 / 250 克   食用油 / 适量
  盐 / 适量   咖喱 / 适量
  鸡粉 / 适量]

制作方法

1 土豆去皮洗净，然后切成小块。
2 热锅注油，放入土豆块，加水，盖盖，大火煮开改为中小火续煮 10 分钟。
3 放盐煸炒 3 分钟，再放咖喱煸炒 2 分钟。
4 放入鸡粉炒匀即可。

木耳炒油菜

食材

[油菜 / 50 克   蒜蓉 / 适量
  木耳 / 20 克   盐 / 适量
  虾皮 / 适量   食用油 / 适量]

制作方法

1 将木耳放入水中浸泡片刻，泡发后捞出。
2 油菜洗净，放入沸水锅中焯片刻，捞出。
3 热锅注油，放入蒜蓉和虾皮爆香。
4 放入油菜和木耳翻炒片刻，加盐炒匀调味，即可出锅。

Good afternoon ············ 23min 2人份

小黄鱼子鸡便当

干炸小黄鱼

姜汁拌菠菜

东安子鸡

```
┌─────────────────┐
│      Menu       │
│ ─────────────── │
│     东安子鸡     │
│ ─────────────── │
│    干炸小黄鱼    │
│ ─────────────── │
│    姜汁拌菠菜    │
└─────────────────┘
```

东安子鸡

食材

鸡肉 /400 克　　料酒 /10 毫升　　米醋 /25 毫升
红椒丝 /35 克　　鸡粉 /4 克　　　辣椒油 /3 毫升
辣椒粉 /15 克　　盐 /4 克　　　　花椒油 /3 毫升
花椒 /8 克　　　鸡汤 /30 毫升　　食用油 /适量
姜丝 /30 克

制作方法

1　沸水锅中放入鸡肉，加适量料酒、鸡粉、盐，加盖煮 15 分钟至七成熟。

2　捞出鸡肉，沥干水分，放凉后斩成小块。

3　用油起锅，加姜丝、花椒、辣椒粉爆香。

4　倒入鸡肉块略炒，加入鸡汤、米醋。

5　调入盐、鸡粉、辣椒油、花椒油，放入红椒丝，炒至断生即可。

干炸小黄鱼

食材

小黄花鱼 / 300 克
淀粉 / 60 克
葱 / 适量
姜 / 适量
盐 / 适量
料酒 / 适量
花生油 / 适量

制作方法

1 将小黄花鱼洗净，去内脏，鱼身切直刀。
2 葱洗净切段，姜洗净切片。
3 小黄花鱼放入盆中，加入盐、料酒，再加入葱段、姜片，腌渍入味。
4 锅内注花生油烧至五成热。
5 小黄花鱼依次蘸匀淀粉，放入锅中炸至金黄，捞出盛盘即可。

姜汁拌菠菜

食材

菠菜 / 300 克
姜末 / 少许
蒜末 / 少许
南瓜子油 / 10 毫升
食用油 / 18 毫升
盐 / 少许
鸡粉 / 少许
生抽 / 少许

制作方法

1 洗净的菠菜切成段。
2 沸水锅中加盐，淋入食用油。
3 倒入菠菜段，汆至断生，捞出沥水，装碗。
4 往菠菜中倒入姜末、蒜末。
5 倒入南瓜子油、盐、鸡粉、生抽，拌匀即可。

Good afternoon 11min 2人份

鸡蛋卷咖喱便当

Menu

咖喱鸡

秋葵鸡蛋卷

炒菜心

咖喱鸡

食材

鸡胸肉/100克　洋葱/50克
土豆/100克　　咖喱/100克
胡萝卜/50克　　食用油/适量

制作方法

1 土豆、胡萝卜、洋葱去皮，洗净后切成小块。

2 鸡胸肉切丁，放入沸水中焯去血水，捞出沥干水分。

3 热油锅，放入胡萝卜块、洋葱块，翻炒后加土豆块炒匀。

4 加入鸡肉丁炒匀，加少许清水，大火烧开后改小火炖熟。

5 加入咖喱搅匀，焖煮3分钟，盛出即可。

秋葵鸡蛋卷

食材

秋葵 / 150 克
鸡蛋 / 2 个
盐 / 适量
食用油 / 适量

制作方法

1 秋葵洗净切段，沸水烫熟，再用冷水过一下。
2 鸡蛋打散，加盐搅匀，倒入食用油，用煎锅小火煎成蛋皮。
3 取出后放入秋葵段卷起，再均匀切开即可。

炒菜心

食材

菜心 / 300 克
蒜 / 3 瓣
盐 / 少许
食用油 / 适量

制作方法

1 锅里放油和蒜炒香。
2 倒入洗净的菜心翻炒，炒至菜心变软。
3 加盐调味即可。

Good afternoon ·········· 12min 2人份

缤纷时蔬便当

水果沙拉

彩椒拌生菜

蒜香四季豆

```
┌─────────────────┐
│      Menu       │
│ ─────────────── │
│    蒜香四季豆    │
│ ─────────────── │
│   彩椒拌生菜    │
│ ─────────────── │
│    水果沙拉     │
└─────────────────┘
```

蒜香四季豆

食材

[四季豆 / 200 克 | 盐 / 5 克]
[蒜末 / 少许 | 食用油 / 5 毫升]

制作方法

1. 先把四季豆洗净，切成段。
2. 沸水锅中加入少许食用油和盐，放入四季豆段焯至断生。
3. 捞出，过凉水，保持四季豆漂亮的绿色。
4. 热油锅，爆香蒜末，倒入四季豆段快速翻炒，加适量盐，翻炒均匀即可。

彩椒拌生菜

食材

[生菜 / 400 克　　胡椒粉 / 适量
  彩椒 / 50 克　　橄榄油 / 适量
  盐 / 适量]

制作方法

1. 生菜洗净，掰成小块；彩椒洗净，切成丝。
2. 将生菜块和彩椒丝分别放入沸水锅中焯熟，捞出沥干水分，装碗。
3. 将食材混合，再用胡椒粉、盐和橄榄油调成的酱汁搅拌均匀即可。

水果沙拉

食材

[苹果 / 100 克　　香蕉 / 100 克
  芒果 / 80 克　　沙拉酱 / 少许
  猕猴桃 / 120 克　柠檬汁 / 5 毫升]

制作方法

1. 苹果、猕猴桃、芒果都去皮去核洗净，切小块，放碗中拌匀。
2. 香蕉剥皮切片，也放入碗中，淋入柠檬汁拌匀，淋上沙拉酱即可。

Good afternoon ·········· 51min 2人份

牛排鸡肉卷便当

什锦蔬菜蒸蛋

迷迭香小牛排

海苔芝士鸡肉卷

```
Menu
---
迷迭香小牛排
---
什锦蔬菜蒸蛋
---
海苔芝士鸡肉卷
```

迷迭香小牛排

食材

牛排/200 克 　　盐/适量
迷迭香/适量　　　黄油/适量
黑胡椒粗粒/适量

制作方法

1. 牛排洗净切小块,用盐、黑胡椒粗粒和迷迭香腌渍 20 分钟。

2. 平底锅烧烫,不放油直接把牛排放进去煎至四面变色。

3. 放入一小块黄油,转小火至收汁。

什锦蔬菜蒸蛋

食材

胡萝卜 / 30 克	盐 / 适量
四季豆 / 30 克	胡椒粉 / 适量
娃娃菜 / 30 克	芝麻油 / 适量
鸡蛋 / 2 个	

制作方法

1. 胡萝卜、四季豆、娃娃菜洗净切成小丁，然后放进锅里蒸熟。
2. 鸡蛋调成鸡蛋液，加盐和胡椒粉调味。
3. 加入蔬菜丁，拌匀倒入碗中，隔水蒸 20 分钟，淋上芝麻油即可。

海苔芝士鸡肉卷

食材

鸡胸肉 / 150 克	海苔 / 适量
盐 / 适量	淀粉 / 适量
胡椒粉 / 适量	食用油 / 适量
芝士 / 适量	高汤 / 少许

制作方法

1. 洗净的鸡胸肉切成薄片，撒盐和胡椒粉调味。
2. 铺上芝士和海苔，涂上淀粉，卷起来。
3. 鸡肉卷接口朝下放入烧热的油锅中煎，等到封边后翻面。
4. 等变色后可以倒入一点高汤再稍微煎一下，取出后切成段，摆入便当盒中即可。

Good afternoon 21min 2人份

酱鸡翅菠菜便当

```
Menu
---
虾仁鸡蛋卷
---
酱汁鸡翅
---
清炒菠菜
---
```

虾仁鸡蛋卷

食材

鸡肉/150克	胡萝卜/少许	料酒/适量
虾仁/100克	白胡椒粉/适量	生粉/适量
鸡蛋/2个	盐/适量	食用油/适量

制作方法

1. 洗净的虾仁切成小丁，鸡肉打成肉泥，胡萝卜擦成细丝。

2. 以上食材放入大碗里，加入食用油、料酒、盐、生粉、白胡椒粉，搅打上劲，制成肉馅。

3. 鸡蛋加少许盐和生粉打匀，摊成薄薄的蛋饼，把肉馅铺在蛋饼上卷起来。

4. 放入盘里，入蒸锅，用大火蒸上8～10分钟至熟即可。

酱汁鸡翅

食材

[鸡翅 / 200 克
姜片 / 少许
大蒜 / 少许
红糖 / 适量

生抽 / 适量
水淀粉 / 适量
食用油 / 适量
盐 / 少许]

制作方法

1. 鸡翅放入沸水锅焯一下。
2. 热锅倒油,放姜片、大蒜爆香,加鸡翅翻炒至变色,加水、生抽,红糖切碎放进去,一起焖煮7分钟。
3. 加入水淀粉、少许盐,炒匀装盘即可。

清炒菠菜

食材

[菠菜 / 200 克
蒜头 / 3 瓣
鸡粉 / 适量

盐 / 适量
食用油 / 适量]

制作方法

1. 热锅倒油,放入蒜头爆香。
2. 开大火,将洗净的菠菜下锅翻炒至变色变软。
3. 加入盐和鸡粉,炒匀后关火盛出即可。

Good afternoon ·········· 17min 1人份

章鱼先生便当

Menu

香肠章鱼

小葱炝肉片

凉拌黄瓜

香肠章鱼

食材

[小香肠 / 2 根
芝士片 / 少许
海苔 / 少许]

制作方法

1 小香肠在底部等距离切数刀，注意不要切太深。

2 放入沸水锅中焯片刻，至香肠章鱼的足翘起，捞出沥干水分。

3 芝士片切小圆，上面贴上海苔剪成的小圆点作为眼睛，贴在香肠章鱼上即可。

小葱炝肉片

食材

- 瘦肉片 / 200 克
- 小葱 / 3 根
- 姜 / 少许
- 烤肉酱 / 适量
- 料酒 / 适量
- 淀粉 / 适量
- 食用油 / 适量

制作方法

1. 姜洗净切末,和淀粉一起揉入瘦肉片中调味;小葱切葱花。
2. 热锅倒油,将肉片倒入,翻炒至变色。
3. 倒入料酒和烤肉酱继续翻炒,出锅前撒上葱花即可。

凉拌黄瓜

食材

- 黄瓜 / 1 根
- 蒜泥 / 适量
- 辣椒面 / 适量
- 白醋 / 适量

制作方法

1. 将洗净切好的黄瓜放入盘子里,倒入白醋,放入蒜泥。
2. 放入冰箱里冷藏 10 分钟以上,拿出撒上辣椒面即可。

Good afternoon 15min 1人份

秋枫鸡肉便当

```
Menu
----
胡萝卜枫叶
----
芝士鸡肉卷
----
西蓝花南瓜
```

胡萝卜枫叶

食材

[胡萝卜/少许]

制作方法

1　胡萝卜切片。
2　锅中注入适量清水,烧开。
3　将切好的胡萝卜片放入沸水锅中,焯熟捞出。
4　切成枫叶的形状即可。

芝士鸡肉卷

食材

培根 / 2 片	鸡脯肉 / 80 克
面包糠 / 100 克	芝士 / 4 片
面粉 / 100 克	食用油 / 适量
鸡蛋 / 1 个	

制作方法

1. 鸡脯肉片成薄片，放上芝士片和培根，从一端卷起，卷成小卷。
2. 将卷好的鸡肉卷依次蘸上一层面粉、打散的鸡蛋液和面包糠。
3. 放入油锅中，用中火炸至金黄即可。

西蓝花南瓜

食材

南瓜 / 200 克	白糖 / 适量
西蓝花 / 150 克	食用油 / 适量
盐 / 适量	芝麻油 / 适量
鸡粉 / 适量	

制作方法

1. 洗净切好的南瓜装入碗中，加入盐、鸡粉、白糖放入蒸锅蒸熟。
2. 另起锅，注水，加入盐和食用油烧开。
3. 倒入西蓝花焯熟，捞出与南瓜盛在一起，淋入芝麻油即可。

Good afternoon ············ 26min 1人份

雪人排骨便当

香菇烩大白菜

芝士火腿雪人

红烧排骨

Menu

芝士火腿雪人

香菇烩大白菜

红烧排骨

芝士火腿雪人

食材

芝士 / 1 片
火腿 / 适量
海苔 / 适量
番茄酱 / 少许

制作方法

1. 将芝士叠加起来剪出雪人的身体，火腿切薄片，切出雪人的帽子和围巾。
2. 用海苔剪出雪人的鼻子、眼睛、嘴巴和衣服纽扣，用番茄酱在雪人脸上点上两点做腮红。

香菇烩大白菜

食材

- 香菇 / 100 克
- 大白菜 / 200 克
- 姜末 / 适量
- 蒜末 / 适量
- 盐 / 适量
- 食用油 / 适量

制作方法

1. 热锅注油,下姜末、蒜末炒香,倒入洗净的香菇,翻炒至变软。
2. 倒入洗净切好的大白菜,翻炒均匀,出锅前加盐调味即可。

红烧排骨

食材

- 排骨 / 200 克
- 生姜末 / 10 克
- 大葱碎 / 少许
- 八角 / 少许
- 桂皮 / 少许
- 料酒 / 适量
- 酱油 / 适量
- 盐 / 适量
- 白糖 / 适量
- 食用油 / 适量

制作方法

1. 热锅倒油,爆香大葱碎、生姜末,放入洗净的排骨翻炒至变色。
2. 加入料酒、盐炒匀,加开水没过排骨。
3. 烧开后加桂皮、八角,改小火炖 20 分钟,加酱油和白糖收汁即可。

CHAPTER 4

天天不重样儿
安心省时的便捷晚餐

拖着疲惫身体下班的你,
也许并不想天天外食,
那么,给自己做一顿快捷但是精致的晚饭!
利用周末事先处理好一些食材,
放入你的冰箱保存好,
那么,下班后只要几个步骤,美味就能上桌,
再也不用担心晚餐变宵夜。

Good evening ············ 5min 2人份

蔬果面包沙拉

原料

生菜/150克
紫甘蓝/30克
全麦面包/30克
樱桃番茄/25克
胡萝卜/10克
黄油/适量
干香葱/适量

调料

盐/适量

制作方法

1 全麦面包切块；紫甘蓝洗净，切丝。
2 生菜洗净，撕成片；胡萝卜洗净，切丝；樱桃番茄洗净。
3 取平底锅，放入黄油，加热至熔化，放入全麦面包块。
4 撒上盐、干香葱，煎至面包变黄，取出。
5 取一盘，放入所有食材，撒上适量的盐，搅拌均匀即可。

Point

若喜欢别的口味，可以加入其他调料。

Good evening ……… 5min 2人份

樱桃番茄洋葱沙拉

原料

樱桃番茄 / 100 克
紫甘蓝 / 20 克
小白菜 / 20 克
洋葱 / 100 克

调料

橄榄油 / 适量
盐 / 适量
苹果醋 / 适量

制作方法

1. 将樱桃番茄洗净，对半切开；紫甘蓝洗净，切成条。
2. 小白菜择洗干净；洋葱洗净，切成圈。
3. 碗中淋入适量橄榄油。
4. 再放入适量盐和苹果醋，搅拌均匀。
5. 将处理好的食材放入碗中，搅拌均匀，装盘即可。

Point

樱桃番茄，即圣女果，具有生津止渴、健胃消食、清热解毒、凉血平肝、补血养血和增进食欲的功效。

Good evening ………… 135min 2人份

果味冬瓜

原料

冬瓜 / 600 克
橙汁 / 50 毫升

调料

蜂蜜 / 15 克

扫一扫看视频

制作方法

1. 冬瓜洗净去皮，用刀去除瓜瓤，备用。
2. 用勺子掏取冬瓜肉，制成冬瓜丸子。
3. 锅中注水烧开，倒入冬瓜丸子，用中火煮约 2 分钟，至其断生后捞出。
4. 吸干冬瓜丸子表面的水分，放入碗中，倒入备好的橙汁，淋入蜂蜜。
5. 快速搅拌匀，静置约 2 小时，至其入味即成。
6. 将入味的冬瓜丸子装盘即可。

Point

冬瓜丸子不能挖得太大，否则不易入味。

Good evening ········· 25min 2人份

香辣莴笋丝

扫一扫看视频

原料

莴笋 / 340 克
红椒 / 35 克
蒜末 / 少许

调料

盐 / 2 克　　　生抽 / 3 毫升
鸡粉 / 2 克　　辣椒油 / 适量
白糖 / 2 克　　亚麻籽油 / 适量

制作方法

1 洗净去皮的莴笋切片，改切丝；洗净的红椒切段，切开，去子，切成丝。
2 锅中注入清水烧开，放入盐、亚麻籽油、莴笋丝，拌匀，略煮。
3 加入红椒丝，搅拌，煮至断生，把煮好的莴笋丝和红椒丝捞出，沥干水分。
4 将莴笋丝和红椒丝装入碗中，加入蒜末。
5 加入盐、鸡粉、白糖、生抽、辣椒油、亚麻籽油，拌匀。
6 将入味的莴笋丝、红椒丝装盘即可。

1

2

3

4

5

6

Point

制作凉拌菜时，食材焯水的时间不宜过长，以免影响食材鲜嫩的口感。

Good evening 20min 1人份

胡萝卜炒菠菜

原料

菠菜/180克
胡萝卜/90克
蒜末/少许

调料

盐/3克
鸡粉/2克
食用油/适量

制作方法

1. 将洗净去皮的胡萝卜切片,再切成细丝。
2. 洗好的菠菜切去根部,再切成段。
3. 锅中注入适量清水烧开,放入胡萝卜丝,撒上少许盐,搅匀,煮约半分钟,捞出,沥干水分,待用。
4. 用油起锅,放入蒜末,爆香,倒入切好的菠菜,快速炒匀,至其变软。
5. 放入焯过的胡萝卜丝,翻炒匀,加入盐、鸡粉,炒匀调味即成。

Point
菠菜易熟,宜用大火快炒,可避免营养流失。

扫一扫看视频

Good evening  20min 1人份

青椒海带丝

原料

海带丝 / 200 克
青椒 / 50 克
大蒜 / 8 克

调料

盐 / 2 克
芝麻油 / 3 毫升

制作方法

1. 海带丝洗净切段；大蒜压扁切成蒜末。
2. 洗净的青椒切开去子，斜刀切成丝。
3. 锅中注入适量的清水大火烧开，倒入海带丝，搅拌片刻。
4. 再倒入青椒丝，搅拌煮至断生，捞出，沥干水分，待用。
5. 备好一个大碗，倒入余好的食材，加入蒜末、盐、芝麻油，搅拌匀，将拌好的海带丝倒入盘中即可。

煮好的食材可再过道凉开水，口感会更好。

扫一扫看视频

Good evening ·········· 15min 1人份

马蹄炒荷兰豆

原料

马蹄肉 / 90 克　　姜片 / 少许
荷兰豆 / 75 克　　蒜末 / 少许
红椒 / 15 克　　　葱段 / 少许

调料

盐 / 3 克　　　　水淀粉 / 适量
鸡粉 / 2 克　　　食用油 / 适量
料酒 / 4 毫升

扫一扫看视频

制作方法

1. 马蹄肉洗净切片；洗好的红椒去子，切成小块。
2. 锅中注水烧开，放入适量食用油、盐、洗净的荷兰豆，煮半分钟。
3. 放入马蹄肉片、红椒块，搅匀，再煮半分钟，全部食材捞出，待用。
4. 用油起锅，放入姜片、蒜末、葱段，爆香。
5. 倒入焯好的食材，翻炒匀，淋入料酒，炒香，加入适量盐、鸡粉，炒匀调味，倒入适量水淀粉。
6. 快速翻炒均匀，盛入盘中即可。

Point

荷兰豆焯水的时间不宜过长，焯至刚变色即可，这样其外观、口感较好，营养也不会流失太多。

Good evening   15min 1人份

蒜香四季豆

原料

四季豆/200克
蒜片/少许
红椒/适量

调料

盐/3克
生抽/3毫升
鸡粉/适量
陈醋/适量
芝麻油/适量
食用油/适量

制作方法

1. 将洗净的四季豆切成3厘米长的段；洗净的红椒切开，去子，再切成丝。
2. 锅中倒水烧开，加入少许食用油、盐，倒入四季豆段，煮约3分钟。
3. 再加入红椒丝，煮片刻，捞出全部食材。
4. 把四季豆段、红椒丝倒入碗中，放入蒜片、盐、鸡粉、生抽、陈醋、芝麻油。
5. 用筷子拌匀至入味，装入盘中即可。

Point

为防止发生食用四季豆中毒的情况，四季豆必须要煮熟透，方可食用。

Good evening ············ 🕐 10min 🍽 2人份

清炒时蔬

原料

西蓝花 / 100 克
胡萝卜 / 30 克
荷兰豆 / 50 克
芥蓝 / 70 克
豌豆 / 20 克
蒜末 / 少许
熟白芝麻 / 少许

调料

盐 / 2 克
鸡粉 / 2 克
食用油 / 适量

制作方法

1. 芥蓝洗净,斜刀切片;胡萝卜洗净,去皮后切丝;西蓝花洗净,切成小朵。
2. 锅中注入适量清水,倒入少许盐、食用油,放入荷兰豆、西蓝花、豌豆,焯煮 1 分钟。
3. 再放入胡萝卜丝、芥蓝片,煮半分钟,捞出。
4. 锅中注入适量食用油烧热,倒入蒜末爆香。
5. 放入焯好的食材炒片刻,加入盐、鸡粉炒匀调味,盛出炒好的菜肴,撒上熟白芝麻即可。

Point

每个季节都有属于它的时令蔬菜,简称时蔬。饮食要注意时节,结合自身情况,在特定时间吃时蔬对身体有好处。

Good evening　15min　1人份

冰糖百合蒸南瓜

原料

[南瓜条 / 130 克
鲜百合 / 30 克]

调料

[冰糖 / 15 克]

制作方法

1. 取一蒸盘，把洗净的南瓜条装在蒸盘中，备用。
2. 放入洗净的鲜百合，撒上冰糖，备用。
3. 备好电蒸锅，放入蒸盘。
4. 盖上盖，蒸约 10 分钟，至食材熟透。
5. 断电后揭盖，取出蒸盘。
6. 稍微冷却后食用即可。

1

2

3

4

5

6

Point

南瓜中的果胶可促进肠胃蠕动，帮助食物消化，同时还能保护胃肠道黏膜。

Good evening .... 15min 1 人份

白菜木耳炒肉丝

原料

冷冻猪瘦肉丝 / 1 包
白菜 / 80 克
水发木耳 / 60 克
红椒 / 10 克

姜末 / 少许
蒜末 / 少许
葱段 / 少许

调料

盐 / 2 克
生抽 / 3 毫升
料酒 / 5 毫升
水淀粉 / 6 毫升

白糖 / 3 克
鸡粉 / 2 克
食用油 / 适量

制作方法

1 洗净的白菜切粗丝；洗好的水发木耳切小块；洗净的红椒切条。

2 把冷冻的肉丝解冻，加入盐、生抽、料酒、水淀粉，拌匀，腌渍。

3 用油起锅，倒入肉丝，炒匀，放入姜末、蒜末、葱段，爆香，倒入红椒条，炒匀。

4 淋入少许料酒，炒匀，倒入木耳块，炒匀，放入白菜丝，炒至变软。

5 加入盐、白糖、鸡粉、水淀粉，翻炒均匀，至食材入味即可。

6 盛起装盘即可。

1

2

3

4

5

6

Point

白菜不要炒太久，否则容易炒出水，影响口感。

Good evening ········   25min 1人份

秘制叉烧肉

原料

冷冻五花肉条 /1 包
姜片 /5 克
蒜片 /5 克

调料

叉烧酱 /5 克
白糖 /4 克
生抽 /4 毫升
食用油 /适量

制作方法

1. 将冷冻的五花肉条解冻。
2. 倒入叉烧酱、白糖、生抽，腌渍片刻。
3. 取出电饭锅，打开盖子。
4. 通电后倒入腌好的五花肉条。
5. 放入姜片、蒜片、食用油，搅拌均匀，煮约 1 小时成叉烧肉即可。
6. 盛起装盘即可。

怕油腻的可以用梅肉来制作，口味也是不错的。

Good evening ·········· 20min 1人份

秋葵炒肉片

原料

冷冻猪瘦肉片 / 1 包
秋葵 / 180 克
红椒 / 30 克
姜片 / 少许
蒜末 / 少许
葱段 / 少许

调料

盐 / 3 克
水淀粉 / 3 毫升
生抽 / 3 毫升
食用油 / 适量

制作方法

1 将冷冻猪瘦肉片解冻。
2 洗净的红椒切块；洗好的秋葵切段。
3 肉片中放入少许盐、水淀粉、适量食用油，腌渍。
4 用油起锅，放入姜片、蒜末、葱段，爆香，倒入肉片，搅散，炒至变色。
5 加入秋葵段，拌炒匀，放入红椒块，加入生抽，炒匀，加入盐，炒匀即可。
6 盛起装盘即可。

肉片用水淀粉腌渍后会更滑嫩。

Good evening ·········· 20min 1人份

肉酱焖土豆

原料

冷冻猪瘦肉末 / 1/4 包
去皮小土豆 / 300 克
姜末 / 少许
蒜末 / 少许
葱花 / 少许

调料

豆瓣酱 / 15 克
料酒 / 5 毫升
盐 / 2 克
鸡粉 / 2 克
老抽 / 适量
水淀粉 / 适量
食用油 / 适量

制作方法

1 将冷冻的瘦肉末解冻。
2 用油起锅，爆香姜末、蒜末，放入肉末，炒至变色。
3 淋入少许老抽、料酒、豆瓣酱，翻炒匀。
4 放入洗净的小土豆、适量清水，加入盐、鸡粉，煮约 5 分钟。
5 倒入水淀粉勾芡，再撒上葱花，炒匀。
6 盛起装盘即可。

Point

可以先将小土豆放入沸水锅中煮，这样容易去皮。

Good evening 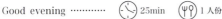 25min   1人份

彩椒牛肉丝

原料

冷冻牛肉丝/1包	葱段/少许
彩椒/90克	姜片/适量
青椒/40克	蒜末/适量

调料

盐/4克	料酒/8毫升
鸡粉/3克	生抽/8毫升
白糖/3克	水淀粉/8毫升
食粉/3克	食用油/适量

制作方法

1 洗净的彩椒切条；洗好的青椒去子，切丝。将彩椒条、青椒丝放入沸水锅中汆一下。

2 将冷冻牛肉丝解冻，加入少许盐、鸡粉、生抽、食粉、适量水淀粉、食用油，腌渍。

3 炒锅中倒油烧热，爆香姜片、蒜末、葱段，倒入腌渍好的牛肉丝，淋入料酒，翻炒匀。

4 放入汆烫好的彩椒条、青椒丝，翻炒均匀。

5 加入适量生抽、盐、鸡粉、白糖、少许水淀粉，炒匀。

6 盛起装盘即可。

Point

彩椒含有维生素A原等营养成分，可促进新陈代谢。

Good evening ·········· 🕐 25min 🍽 1人份

小米椒炒牛肉

原料

[
冷冻牛肉丁 / 1 包
小米椒 / 30 克
姜片 / 少许
蒜末 / 少许
葱花 / 少许
]

调料

[
盐 / 3 克
白糖 / 适量
料酒 / 适量
辣椒酱 / 适量
食用油 / 适量
]

制作方法

1. 将小米椒洗净切成圈。
2. 加入盐、白糖、料酒、食用油拌匀腌渍。
3. 热锅注水烧开，倒入牛肉丁，煮至断生后捞出装盘。
4. 锅中注油烧热，倒入姜片、蒜末煸炒香，加入辣椒酱、小米椒圈翻炒，倒入牛肉丁，翻炒至熟透。
5. 加入盐翻炒入味，撒入葱花出锅即成。
6. 盛起装盘即可。

Point

牛肉不易熟烂，烹饪时放少许山楂、橘皮或茶叶有利于熟烂。

Good evening ·········· 25min 2人份

南瓜咖喱牛肉碎

原料

冷冻牛肉末/2包
南瓜/500克
洋葱/60克
青椒/40克
蒜末/少许
葱段/少许
姜片/少许

调料

盐/2克
咖喱粉/5克
生抽/适量
食用油/适量

制作方法

1. 将冷冻牛肉末解冻；洗净的洋葱切块；洗好的青椒切块；洗好的南瓜切成小块。
2. 用油起锅，放入姜片、蒜末，爆香，倒入牛肉末，炒至变色。
3. 淋入生抽，炒匀，倒入洋葱块、青椒块，炒匀、炒香。
4. 倒入南瓜块、适量清水，放入适量盐，炒匀。
5. 再撒入咖喱粉，小火焖3分钟，撒上少许葱段。
6. 盛起装盘即可。

Point

南瓜难煮熟，可以先将南瓜焯水后再烹饪。

Good evening  120min 2人份

番茄炖牛腩

原料

冷冻牛肉块 / 2 包 洋葱 / 50 克
番茄 / 250 克 姜片 / 少许
胡萝卜 / 70 克

调料

盐 / 3 克 生抽 / 4 毫升
鸡粉 / 2 克 料酒 / 5 毫升
白糖 / 2 克 食用油 / 适量

制作方法

1. 将洗净去皮的胡萝卜切块；洗好的洋葱切块；洗净的番茄切丁。
2. 锅中注水烧开，放入解冻的牛肉块，煮去血渍后捞出，沥干水分。
3. 用油起锅，爆香姜片，倒入洋葱块、胡萝卜块、牛肉块，炒匀。
4. 再加入料酒、生抽，炒香。
5. 倒入番茄丁，炒匀，加入清水、盐，煮约1小时，放入鸡粉、白糖，拌匀。
6. 盛起装盘即可。

Point

炖牛肉一定要用小火慢炖，肉才容易酥烂，如果持续大火的话，反而会硬，影响口感。

Good evening 45min 2人份

辣椒鸡丁

原料

冷冻鸡胸肉丁 / 130 克　　姜片 / 少许
红椒 / 60 克　　　　　　　葱段 / 少许
青椒 / 65 克　　　　　　　蒜末 / 少许

调料

盐 / 2 克　　　　料酒 / 5 毫升
鸡粉 / 2 克　　　水淀粉 / 5 毫升
白糖 / 2 克　　　辣椒油 / 5 毫升
生抽 / 5 毫升　　食用油 / 适量

制作方法

1. 将冷冻鸡胸肉丁解冻；红椒、青椒洗净切块。
2. 往鸡胸肉丁中加入盐、鸡粉，淋上适量的料酒、水淀粉，拌匀入味，腌渍片刻。
3. 热锅注油烧热，倒入鸡肉丁，炒至变色。
4. 再放入葱段、姜片、蒜末，爆香，倒入青椒块、红椒块，拌匀。
5. 淋上料酒、生抽，拌匀，注水，撒上盐、鸡粉、白糖，拌匀。
6. 淋上水淀粉、辣椒油，拌匀，盛盘即可。

Point

新鲜的鸡胸肉肉质紧密排列，颜色呈干净的粉红色而有光泽。

Good evening ·········· 45min 1人份

泰式炒鸡柳

原料

冷冻鸡胸肉丝 / 1 包　椰奶 / 适量
红彩椒 / 80 克　　　　罗勒叶 / 适量
黄彩椒 / 80 克　　　　葱段 / 适量

调料

盐 / 2 克　　　　食用油 / 适量
青柠汁 / 10 毫升

制作方法

1　将冷冻的鸡胸肉丝解冻，加少许盐、食用油拌匀。
2　将红彩椒、黄彩椒分别洗净切成丝，待用。
3　锅中注油烧热，放入葱段、红彩椒丝、黄彩椒丝，炒片刻。
4　再放入鸡胸肉丝，翻炒至颜色发白。
5　调入盐，淋上青柠汁、椰奶，炒入味，再放入罗勒叶炒匀。
6　盛起装盘即可。

Point

怕酸的人可以将青柠汁的量酌情减少。

Good evening 🕐 65min 🍴 2人份

鸡块炖香菇

原料

冷冻的鸡肉块 / 2 包
香菇 / 150 克
干辣椒 / 适量
葱段 / 适量
姜片 / 适量

调料

盐 / 3 克
生抽 / 8 毫升
料酒 / 5 毫升
白糖 / 2 克
食用油 / 适量

制作方法

1. 将冷冻的鸡肉块解冻，加盐、料酒拌匀。
2. 洗净的香菇去蒂，划上十字花刀。
3. 锅中注油烧热，放入鸡块，炒至变色。
4. 放入姜片、干辣椒、部分葱段，翻炒均匀，放入香菇，翻炒片刻。
5. 加入料酒、白糖、盐、生抽、剩余葱段，炒入味，放入适量的清水，盖上盖，炖约 30 分钟。
6. 盛起装盘即可。

Point

香菇含有胆碱、酪氨酸、氧化酶及某些核酸物质，能起到降血压、降胆固醇、降血脂的作用。

Good evening ········· ⏰ 45min 🍴 2人份

鸡蛋炒百合

扫一扫看视频

原料

鲜百合 / 140 克
胡萝卜 / 25 克
鸡蛋 / 2 个
葱花 / 少许

调料

盐 / 2 克
鸡粉 / 2 克
白糖 / 3 克
食用油 / 适量

制作方法

1. 洗净去皮的胡萝卜切厚片,再切条形,改切成片。
2. 鸡蛋打入碗中,加入盐、鸡粉,拌匀,制成蛋液,备用。
3. 锅中注入适量清水烧开,倒入胡萝卜片,拌匀。
4. 放入洗好的鲜百合,拌匀,加入白糖,煮至食材断生,捞出,沥干水分。
5. 用油起锅,倒入蛋液,炒匀,放入焯过水的材料,炒匀,撒上葱花,炒出葱香味。
6. 盛起装盘即可。

1

2

3

4

5

6

Point

百合可先用温水浸泡一会儿再清洗,更易清除其杂质。

Good evening ········· 45min 2人份

莴笋玉米鸭丁

原料

冷冻鸭肉丁 / 1 包
莴笋丁 / 150 克
玉米粒 / 90 克
彩椒块 / 50 克
蒜末 / 少许

调料

盐 / 3 克
料酒 / 4 毫升
生抽 / 6 毫升
水淀粉 / 适量
食用油 / 适量

制作方法

1. 将冷冻鸭肉丁解冻，用盐、料酒、生抽腌渍。
2. 锅中注水烧开，加入少许盐、食用油及备好的莴笋丁、玉米粒、彩椒块，煮约1分钟，捞出。
3. 用油起锅，倒入鸭肉丁，用中火翻炒至松散，淋入少许生抽、料酒，炒匀，倒入蒜末，炒香。
4. 放入焯过水的食材，用大火翻炒一会儿，至其变软，转中火，加入少许盐，炒匀调味。
5. 再倒入水淀粉炒匀，至食材熟透，盛出即可。

Point

玉米含有蛋白质、糖类、钙、磷、铁、硒、胡萝卜素、维生素E等营养成分，有开胃益智、宁心活血、调理中气等功效。

Good evening 45min 2人份

芙蓉黑鱼片

原料

[冷冻黑鱼片 / 1 包
  鸡蛋 / 2 个
  朝天椒圈 / 适量]

调料

[盐 / 3 克
  鸡粉 / 2 克
  干淀粉 / 15 克
  蒸鱼豉油 / 10 毫升]

制作方法

1. 将冷冻黑鱼片解冻。
2. 加入少许盐、鸡粉、干淀粉,挂浆。
3. 鸡蛋打散,加入盐,冲入适量清水搅匀,封上保鲜膜。
4. 放入烧开的蒸锅中,蒸 6 分钟取出。
5. 放上处理好的鱼片,撒上朝天椒圈,淋上蒸鱼豉油,再蒸 5 分钟。
6. 盛起装盘即可。

Point

黑鱼有祛风治痹、补脾益气、利水消肿之效,因此"三北"地区常有产妇、风湿病患者、小儿痹病者寻找乌鱼食用。

Good evening ………… 45min 2人份

豉汁蒸鱼块

原料

冷冻草鱼块 /2 包	姜末 /少许
青椒 /40 克	蒜末 /适量
红椒 /45 克	葱花 /适量

调料

豆豉 /60 克	食用油 /适量
盐 /2 克	料酒 /5 毫升
鸡粉 /2 克	生抽 /5 毫升

制作方法

1. 将冷冻草鱼块解冻；洗净的红椒、青椒均去子，切成丁。
2. 取碗，放入豆豉、姜末、蒜末、青椒丁、红椒丁、盐、料酒、生抽、鸡粉，拌匀，倒在鱼块上。
3. 蒸锅中注水烧开，放入草鱼块，中火蒸10分钟至熟，取出，撒上葱花。
4. 锅中注入适量食用油，烧至七成热。
5. 关火，盛出烧好的油，淋在草鱼上。
6. 盛起装盘即可。

Point

要把鱼身上的水擦干，这样蒸的时候口感更好。

Good evening ·········· 35min 2人份

青椒兜鱼柳

原料

冷冻草鱼块 /2 包
啤酒 /200 毫升
樱桃番茄 /90 克
青椒 /75 克
蒜片 /少许
姜片 /少许

调料

盐 /3 克
鸡粉 /3 克
白糖 /3 克
料酒 /10 毫升
生抽 /10 毫升
水淀粉 /10 毫升
胡椒粉 /少许
葵花子油 /适量

制作方法

1. 樱桃番茄洗净对半切开；青椒洗净切圈。
2. 草鱼块解冻后装盘，加入盐、料酒、胡椒粉腌渍。
3. 锅内注油烧热，放入鱼肉，煎出香味，放入姜片、蒜片，爆香。
4. 加料酒、生抽、啤酒、盐，焖5分钟，放入青椒圈、鸡粉、白糖、樱桃番茄。
5. 加盖，再焖2分钟，揭盖，放水淀粉勾芡，盛起装盘即可。

Point

焖鱼肉的时间不宜过长，这样才能焖出肉质鲜嫩的鱼肉。

Good evening ·········· 30min 1人份

白灼鲜虾

原料

冷冻鲜虾 / 1 包
香葱 / 1 根
姜片 / 5 克

调料

盐 / 2 克
料酒 / 5 毫升
生抽 / 5 毫升

制作方法

1. 将冷冻鲜虾解冻。
2. 锅中注入适量清水烧开,放入姜片,加入洗净的香葱。
3. 淋入料酒,煮约2分钟成姜葱水,加入盐,放入解冻的鲜虾,煮约2分钟至虾变色熟透。
4. 捞出煮熟的虾,泡入凉水中浸泡一会儿以降温。
5. 盛起装盘,中间放上生抽,食用时蘸取适量生抽即可。

Point

将适量南姜末放入生抽中制成蘸料,这样更具风味。

扫一扫看视频

Good evening ·········· 30min 1人份

茶香香酥虾

原料

冷冻鲜虾/1包
乌龙茶/20克
红椒/适量

葱花/适量
蒜末/适量

调料

盐/2克
干淀粉/10克

食用油/适量

制作方法

1. 将冷冻鲜虾解冻；红椒洗净切块。
2. 乌龙茶用开水冲泡，滤去茶汤，将茶叶倒入容器中，倒入干淀粉，拌匀。
3. 平底锅中注油烧热，倒入处理好的虾，中火将虾炸至红色，捞出虾，沥干油。
4. 锅底留油烧热，倒入红椒块、葱花、蒜末，炒香。
5. 再放入茶叶、虾，炒匀，调入盐，翻炒数下，关火。
6. 盛起装盘即可。

Point

炸虾时，一定要把水分沥干，也可用厨房纸巾擦去虾身的水分，以免下油锅时，因为有水导致油花四溅。

Good evening ……… 🕐 25min 🍴 2人份

蒜香虾

原料

[冷冻鲜虾/2包
蒜末/适量]

调料

[盐/2克
料酒/适量
食用油/适量]

制作方法

1　冷冻鲜虾解冻，剪去须洗净。
2　加入少许盐、料酒腌渍片刻。
3　锅中注水烧开，放入处理好的虾，煮至变色，捞出，待用。
4　锅中注油烧热，放入蒜末炸至金黄色。
5　再放入虾，翻炒匀，调入少许盐，炒入味。
6　关火后将炒好的菜肴盛出，装入盘中即可。

Point

蒜末要用小火炸，大火容易炸煳。

Good evening ·········· 25min 2人份
扫一扫看视频

葱香蛤蜊

原料

冷冻蛤蜊 / 1 包
红椒 / 80 克
葱花 / 8 克
姜丝 / 5 克
干辣椒 / 适量

调料

盐 / 2 克
料酒 / 8 毫升
蚝油 / 15 毫升
食用油 / 适量

制作方法

1. 将冷冻蛤蜊解冻。
2. 红椒去蒂、去尾，洗净切丝；干辣椒切成圈。
3. 锅中注水烧开，放入蛤蜊，煮至蛤蜊壳开，捞出。
4. 锅中注油烧热，放入干辣椒圈爆香，放入姜丝，炒香，放入蛤蜊，翻炒片刻。
5. 加入料酒、盐、蚝油，炒至入味，放入红椒丝，炒至红椒丝熟软，撒上葱花炒匀。
6. 关火后将炒好的菜肴盛出，装入盘中即可。

Point

市场上刚买回来的蛤蜊不要直接上火煮，须先在水中浸泡一天左右，让它充分吐出泥沙。

Good evening ·········   25min   2人份

鱿鱼须炒四季豆

扫一扫看视频

原料

鱿鱼须 / 200 克　　彩椒 / 适量
四季豆 / 200 克　　姜片 / 少许

调料

盐 / 3 克　　　　鸡粉 / 2 克
料酒 / 6 毫升　　白糖 / 2 克
水淀粉 / 3 毫升　食用油 / 适量

制作方法

1　洗好的四季豆切小段，洗净的彩椒切粗条，处理好的鱿鱼须切成段。

2　锅中注入适量清水，加入少许盐，倒入四季豆段，煮至断生后捞出，沥干水分。

3　锅中再倒入鱿鱼须段，搅匀，汆去杂质后捞出，沥干水分，待用。

4　热锅注油，倒入姜片，爆香，淋入少许料酒，倒入彩椒条，再倒入汆过水的四季豆段、鱿鱼须段，加入少许盐、白糖、鸡粉、水淀粉。

5　快速翻炒均匀，至食材入味。

6　关火后将炒好的菜肴盛出，装入盘中即可。

1

2

3

4

5

6

汆鱿鱼时，可以加点料酒，能去除腥味。

Good evening ········· 10min 2人份

白菜冬瓜汤

扫一扫看视频

原料

大白菜 / 180 克　　姜片 / 少许
冬瓜 / 200 克　　　葱花 / 少许
枸杞子 / 8 克

调料

盐 / 2 克
鸡粉 / 2 克
食用油 / 适量

制作方法

1. 将洗净去皮的冬瓜切片；洗好的大白菜切块。
2. 用油起锅，放入少许姜片，爆香，倒入冬瓜片，翻炒匀。
3. 放入大白菜块，倒入适量清水，放入洗净的枸杞子，炒匀。
4. 盖上盖，烧开后用小火煮 5 分钟，至食材熟透。
5. 揭盖，加入盐、鸡粉，用锅勺搅匀调味。
6. 装入碗中，撒上葱花即成。

1

2

3

4

5

6

Point

冬瓜含有糖、蛋白质、矿物质及多种维生素，营养丰富，既可以用来煮汤，做冬瓜盅，也可以腌制成糖冬瓜等，还可以入药治病。

Good evening · 65min · 2人份

家常牛肉汤

原料

冷冻牛肉丁 / 1 包
土豆 / 150 克
番茄 / 100 克
姜片 / 适量
枸杞子 / 少许
葱花 / 少许

调料

盐 / 2 克
胡椒粉 / 适量
料酒 / 适量

制作方法

1. 将冷冻牛肉丁解冻；去皮洗净的土豆切块；洗好的番茄去蒂切块。
2. 砂煲中注水煮沸，放入姜片、洗净的枸杞子，倒入牛肉丁，淋入少许料酒，拌匀，煮沸，掠去浮沫。
3. 盖上盖，用小火煲煮约 30 分钟至牛肉熟软。
4. 揭盖，倒入切好的土豆、番茄，煮约 15 分钟。
5. 加入盐、胡椒粉，拌煮至入味，撒上葱花即成。
6. 盛起装盘即可。

Point

牛肉含有足够的维生素 B_6，帮助增强免疫力，增进蛋白质的新陈代谢和合成。

Good evening ·········· 35min 2人份

大枣鱼头汤

原料

冷冻黑鱼头/1个
大枣/4颗
枸杞子/5克

调料

盐/3克
味精/3克

制作方法

1 将冷冻的黑鱼头解冻，洗净，沥水备用。
2 大枣泡发洗净。
3 枸杞子泡发后去杂质洗净。
4 将鱼头、大枣、枸杞子一起放入汤盅内，加入开水，上笼蒸熟。
5 取出，调入盐、味精，拌匀。
6 盛出装盘即可。

Point

大枣为补养佳品，食疗药膳中常加入大枣可补养身体、滋润气血，它还能提升身体的元气，增强免疫力。

Good evening ………… 30min　2人份

咖喱鸡肉炒饭

原料

冷米饭 / 150 克	胡萝卜 / 30 克
鸡胸肉 / 100 克	红椒 / 30 克
玉米粒 / 50 克	茴香碎 / 少许
青豆 / 50 克	香菜叶 / 适量

调料

| 咖喱 / 20 克 | 食用油 / 适量 |
| 盐 / 2 克 | |

制作方法

1. 将鸡胸肉洗净切成块。
2. 胡萝卜、红椒均洗净切成丁。
3. 锅中注入适量食用油烧热，放入鸡胸肉块，炒至变色，放入玉米粒、青豆、胡萝卜丁、红椒丁，炒匀，盛出。
4. 用油起锅，放入咖喱，炒至其熔化。
5. 倒入冷米饭，翻炒约3分钟至松软。
6. 倒入炒好的菜肴和茴香碎，拌匀，加入盐，炒匀调味，盛入碗中，点缀上香菜叶即可。

Point

米饭炒制前最好放入冰箱冷藏，取出来后打散，这样炒出来的米饭才会粒粒分明口感好。

Good evening ·········· 🕐 30min 🍽 2人份

青椒炒卤肉盖饭

原料

熟米饭 / 200 克　　姜末 / 少许
卤瘦肉 / 200 克　　洋葱 / 150 克
青椒 / 80 克

调料

盐 / 2 克　　　陈醋 / 适量
生抽 / 4 毫升　食用油 / 少许

制作方法

1. 青椒洗净切成丝。
2. 洋葱洗净切丝。
3. 卤瘦肉切成小块。
4. 锅中注油烧热，放入姜末、洋葱丝炒软。
5. 放入青椒丝，炒匀，放入卤瘦肉块，略炒后再加清水炒匀，加盖焖煮约2分钟。
6. 最后加入陈醋、盐、生抽，炒匀，放入盛有熟米饭的碗中。

Point

炒卤肉的时候一定要耐心，要待水分全部收干，这样更入味。

Good evening ·········· 30min 2人份

胡萝卜鸡肉饭

原料

熟米饭 / 350 克
鸡肉 / 250 克
胡萝卜 / 100 克
红椒 / 20 克

调料

盐 / 5 克
鸡粉 / 8 克
橄榄油 / 20 毫升
黑胡椒粉 / 适量

制作方法

1 胡萝卜洗净切丝。
2 红椒洗净切圈，鸡肉洗净切块。
3 锅中注入适量清水，用大火烧开，放入鸡肉块，稍煮一下，捞出，沥干水分。
4 锅中注入橄榄油烧热，放入红椒圈、胡萝卜丝翻炒片刻。
5 放入熟米饭、鸡肉块，续炒一会儿。
6 加盐、鸡粉，撒入黑胡椒粉调味，盛出装盘即可。

1

2

3

4

5

6

Point

鸡肉可以提前一天腌渍好或卤好，味道更佳且更省时。

Good evening ········· 35min 2人份

南瓜拌藜麦

原料

熟藜麦 / 350 克
南瓜 / 100 克
牛奶 / 75 毫升
鸡胸肉 / 200 克
鲜百里香 / 少许

调料

盐 / 3 克
胡椒粉 / 3 克

制作方法

1 南瓜去皮洗净切块。

2 鸡胸肉洗净，剁成泥。

3 鸡肉中加入盐、胡椒粉，拌匀成鸡肉馅，捏成数个小团子。将南瓜块、鸡肉团子蒸熟。

4 将蒸好的所有食材放入装有熟藜麦的碗中，加入牛奶，拌匀。

5 放上鲜百里香点缀装饰。

Point

一般质量好的鸡肉颜色白里透红，有亮度，手感光滑。

Good evening ········ 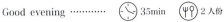 35min 2人份

蔬菜薏米饭

原料

水发薏米 / 50 克
水发大米 / 30 克
土豆 / 80 克
胡萝卜 / 50 克
青豆 / 50 克
葱花 / 少许

调料

盐 / 适量

制作方法

1. 土豆、胡萝卜均洗净去皮，切成丁。
2. 将水发薏米、水发大米、土豆丁、胡萝卜丁均放入电饭锅中。
3. 加入适量清水、盐，煮至食材熟透。
4. 放入青豆，焖至熟透。
5. 撒入葱花，拌匀盛入碗中。

Point

薏米含有糖类、蛋白质、脂肪和不饱和脂肪酸等成分，营养价值很高，具有利水、清热、降压、利尿、健脾胃、强筋骨等功效。

Good evening ·········· 35min 1人份

薏米牛肉饭

原料

水发薏米 / 60 克
水发大米 / 20 克
牛肉 / 100 克
胡萝卜 / 50 克

调料

盐 / 适量
生抽 / 适量
淀粉 / 适量

制作方法

1. 胡萝卜洗净去皮,切成丁。
2. 牛肉洗净,切成块。
3. 将切好的牛肉放入碗中,加入盐、生抽、淀粉,拌匀,腌渍片刻。
4. 将水发薏米、水发大米、牛肉块、胡萝卜丁均放入电饭锅中。
5. 加入适量清水,煮至食材熟透。
6. 盛入碗中,拌匀即可。

Point

薏米含有的多糖能够改善糖尿病患者的免疫功能,是糖尿病患者的首选食材。